Vergleichende

Anatomie und Physiologie

der

Verdauungswerkzeuge der Säugethiere und Vögel.

Durchaus nach eigener Zergliederung und Beobachtung

dargestellt

von

Jens W. Neergaard

Doctor der Medicin, Lector der Thierarzneykunde und Mitglied der Königl. Dänischen Remonte-Commission.

Nebst einer Vorrede

von

Dr. Joh. Fr. Blumenbach

Königl. Großbritannischen Hofrath und Prof. med. ord. etc.

Mit sechs Kupfertafeln.

Berlin, 1806.

In der Realschulbuchhandlung.

Meinem

verstorbenen Vater

Sigvart Thomas Neergaard

als

Denkmal

kindlicher Liebe und Dankbarkeit

gewidmet

Vorrede.

Die vergleichende Anatomie hat ihren hohen Werth und vielseitiges Interesse von *Aristoteles* an bis heute, selbst schon durch das wohlthätige Licht, das sie über so viele andre Fächer menschlicher Kenntnisse verbreitet, auf eine so entschiedne, einleuchtende und allgemein anerkannte Weise bewährt, daſs es auf den ersten Blick wohl sehr überflüssig ſcheinen möchte, ihre Wichtigkeit und Nutzbarkeit noch erst gleichsam ex professo demonstriren und auseinander setzen zu wollen.

Und doch, so wie schwerlich eine der noch so allgemeinnützigen, fruchtbarsten Wissenschaften genannt werden kann, deren Gemeinnützigkeit und Fruchtbarkeit nicht auch in eignen Schriften, und zwar gar oft auf eine sehr zweckmäſsige belehrende Weise, ausgeführt und erwiesen seyn sollte; so hoffte auch ich, daſs man es nicht vergebens und unnütz finden werde, wenn ich mich der passenden Gelegenheit, welche mir diese Vorrede anbiethet, dazu bediene, ein paar Worte über den ausnehmend reichen Einfluſs zu sagen, den die vergleichende Anatomie schon allein auf drey der wichtigsten Felder der Naturwissenschaft äuſsert:

auf das philosophische Studium der Naturgeschichte überhaupt;

und dann auf das der Physiologie des menschlichen Körpers,

und auf die Thierarzneykunde insbesondre.

Was das erstere betrifft, so braucht man sich bloſs zweyer der allgemein interessantesten Gegenstände für die Philosophie der Naturgeschichte zu erinnern, die schon auf so endlos vielseitige Weise sowohl verfochten, als bestritten worden, und die am Ende doch immer das meiste von dem, was man ihnen an Realität und Haltung zugestehen muſs, der Anatome comparata zu verdanken haben. Ich meyne die Stufenfolge in der Natur, und die Endabsichten des Schöpfers, die causas finales. Ueber beide habe ich mich vorlängst an andern Orten erklärt. Hier nur soviel, daſs, wie gesagt, die statthaftesten, unwiderleglichsten Beweise für beide aus der Zootomie geführt werden müssen. Gar lebhaft entsinne ich mich noch der Bewunderung und des unbedingten Beyfalls, womit auch ich weiland in den Jahren des Tirociniums meiner naturhistorischen Laufbahn den bildlichen Ansichten der Natur von Kette und Leiter in der Folge ihrer Geschöpfe nach der äufsern Form derselben, beygepflichtet bin. So wie mich aber nähere Bekanntschaft, die ich mir mit der Natur selbst zu erwerben gesucht, und reiferes präjudizloseres Nachdenken allgemach von jenem vormaligen Glauben an solch eine vermeinte Stufenfolge der Geschöpfe nach ihrer äufsern Bildung zurückgebracht, so bin ich hingegen durch meine zootomischen Studien immer mehr überzeugt worden, dafs die Kenntnifs des innern Baues, worauf sich die Physiologie der Functionen gründet, allerdings die evidentesten Uebergänge und Stufenfolgen der Organismen und der davon abhängenden Oeconomie zeigt, und sonach solche Classen oder Geschlechter des Thierreichs, die, wie z. B. die Vögel oder die Schildkröten u. s. w., ihrer äuſsern Form nach wie isolirt stehen, und sich nicht ohne sichtlichen Zwang in einer Stufenfolge nach der gewöhnlichen Vorstellungsart wollen unterbringen lassen, dann aufs einfachste und ungezwungenste sich an andre, in der äuſsern Bildung noch so sehr von ihnen verschieden scheinende, anschlieſsen, und gleichsam ihre innere Verwandschaft mit denselben bewähren. Da ich vermuthen darf, daſs einem guten Theil der Leser dieser Vorrede auch mein Handbuch der vergleichenden Anatomie nicht unbekannt geblieben, so kann ich mich nur gerade auf das beziehen, was ich dort an mehrern Orten, z. B. gleich zu Anfang des Abschnittes vom Gehirne und dem Nervensystem überhaupt, darüber gesagt habe. Auch das gehört dahin, was in eben dem Buche hin und wieder als Erweis des mechanischen Princips im Bildungstriebe erwähnt worden, daſs nemlich bey der Bildung verwandter und analoger Geschöpfe ein gewisser, im Ganzen zweckmäſsiger Normaltypus unverkennbar scheine, der sich endlich auch selbst da, wo die ursprüngliche Zweckmäſsigkeit und der ihr entsprechende Bau nun nicht weiter erforderlich war, doch noch durch ein Rudiment von letztern (wie schon *Plinius* die Organismen dieser Art nennt), ausdrückt. Beyspiele geben die auſser Verbindung mit dem Gerippe im bloſsen Fleische steckenden ossicula clavicularia mancher reiſsenden Thiere, das Rudiment eines Urachus beym ungebornem Kinde u. a. m.

Nun und so ergiebt sich aus dem so eben Gesagten von selbst, daſs, und in wie fern die von manchen Sophisten so unbestimmter Weise angefochtenen causae finales aufs bündigste und einleuchtendste durch die vergleichende Anatomie vindicirt werden. Zwar kann man nichts frostigeres und mageres sehen, als den gröſsten Theil unsrer freylich herzlich wohlgemeinten Physicotheologieen, deren Verfasser so oft Endabsichten des Schöpfers aus vermeinten Einrichtungen in der Haushaltung der Thiere erzwingen wollen, wozu, beym Lichte besehen, die Data selbst gar nicht in der Natur existiren; aber das hindert nicht, daſs nicht die philosophische Thiergeschichte, wenn sie mit der Zootomie Hand in Hand geht, tausend und aber tausend von bewundernswürdigen Eigenheiten mancher Geschöpfe in der Lebensweise zeigt, die in einer eben so bewundernswürdigen, zweckmäſsigen — das teleo logische Princip im Bildungstriebe unwiderleglich aussprechenden — Organisation begründet, und der innigste Bezug zwischen beiden so evident ist, daſs man entweder mit Worten spielen oder einen seltſamen Hyperscepticismus affectiren müſste, wenn man in dieser Uebereinstimmung die Endabsichten einer höhern Weltursache verkennen wollte. Ich darf, um wieder bloſs ein Paar Beyspiele von den bekanntesten zu nennen, nur an die Luftbehälter der Vögel, an die ganze Organisation des Seehundes, und an das Gerippe und den Muskelbau des Maulwurfs erinnern.

Für die Physiologie des menschlichen Körpers wird die vergleichende Anatomie aus einem dreyfachen Grunde eine der bey weitem wichtigsten, ergiebigsten Quellen und Hülfswissenschaften.

Erstens schon, weil überhaupt in den frühesten Zeiten alle Physiologie ursprünglich von Zootomie ausgegangen *), als welche von den Aerzten und Naturforschern weit früher als Menschenanatomie, ja wohl achtzehn Jahrhunderte hindurch ausschliefslich ohne diese, betrieben werden konnte. Denn es ist meines Wissens wohl keinem weitern Zweifel unterworfen, dafs *Mondini's* kleine anatomia partium corporis humani, die ihr dadurch immortali-

---

*) „Quis nesciat originem suam, et inventorum famam sectionibus brutorum anatomiam debere? Quique inter anatomicos immortale nomen sunt consecuti, in perlustrandis visceribus animalium maximam eorum operam extitisse? Adeo nihil hoc tempore curiosius, nihil utilius eo genere exercitationis, quod comparatam anatomen vocant, plane videtur.

Fantoni.

sirter Verfasser ohngefähr im zweyten Jahrzehend des XIVten Sec. geschrieben, das allererste anatomische Compendium ist, das wirklich nach menschlichen Leichen abgefafst worden; da *Galen* nicht einmal nur seine Osteologie nach dem menschlichen Knochenbau verfertigt hat; und eben von dieser so spät erst den Aerzten gewordenen Gelegenheit, menschliche Körper zu zergliedern, noch bis auf den heutigen Tag so manche Theile in der Anatomie ihre auf den menschlichen Bau gar nicht passende Nahmen führen, wie z. B. die rechten und linken Herzhöhlen, das Schafhäutchen und Schafwasser in der schwangern Gebärmutter u. dergl. m.

Zweitens sind aber auch noch selbst in den letztern Jahrhunderten, nachdem schon die Anatomie des menschlichen Körpers erst durch *Berengar von Carpi* scientifisch ausgebildet und nachher durch den grofsen Triumvirat von *Vesal*, *Fallopia* und *Eustach* so schnell und so zum Wunder vervollkommnet worden, doch immer noch die wichtigsten anatomischen Entdeckungen, die nemlich von der gröfsten Bedeutung für die Physiologie als Grundfeste der Arzneywissenschaft sind, an Thieren gemacht. Daher denn auch kein andres Jahrhundert so reich an solchen Entdeckungen, und deshalb in der Litteratur der Physiologie so epochemachend gewesen, als das vorletzte *), wo die vergleichen-

---

*) Das ist der Grund von dem, was *Haller* sagt: „Ein unbegreifliches Glück hat dem „XVIIten Jahrhundert alle diejenigen ana„tomischen Entdeckungen in die Hände ge„spielt, die einen sonderlichen Einflufs in „die Arzneykunst haben. Die heutigen „Lehrer finden, bey ungleich bessern An„stalten und häufigern Leichnamen, keine so „sehr bedeutende Neuigkeiten."

de Anatomie mit so allgemeinem Eifer betrieben ward, daſs darüber die des menschlichen Körpers selbst wieder merklich vernachlässigt wurde.

Am allerwichtigsten und reichlichsten verinteressirt sich aber die vergleichende Anatomie zum Behuf der Physiologie dadurch, daſs sie den bey weitem sichersten und untrüglichsten Probstein abgiebt, um in zweifelhaften Fällen den Nutzen der Theile mit Gewiſsheit zu bestimmen, was selbst gleichsam die Seele dieser medicinischen Fundamentalwissenschaft ausmacht, daher auch schon der groſse *Galen* davon den Titel zu seinem classischen Meisterwerke über dieselbe entlehnte; und *Haller* von dem Verhältniſs der menschlichen und vergleichenden Anatomie zur Physiologie sagte: „Situm, figuram, magni„tudinem partium ex homine disci „praestat; utilitates et motus partium

„animalibus fere debemus." Auch habe ich selbst auf diesem Wege manche kleine physiologische Probleme, wie z. B. über die wahre Bestimmung der Stirnhöhlen, über die sogenannten mutationes oculi internas, über den Nutzen des so höchst merkwürdigen *Soemmerringschen* foraminis centralis retinae etc. zu lösen versucht.

Was endlich den grofsen directen Einflufs der vergleichenden Anatomie auf die Thierarzneykunde anbelangt, so bedarf es wohl kaum eines weitern Wortes, als der trocknen Erinnerung, dafs sich jene zu dieser durchaus und vollkommen eben so verhält, wie die Anatomie und Physiologie des menschlichen Körpers zur eigentlich sogenannten Arzneywissenschaft; dafs der eigenthümliche Organismus und die davon abhängigen Eigenheiten der Functionen bey den einzelnen Geschlechtern und Gattungen von Thieren auch seinen eignen Störungen und Krankheiten unterworfen sey; und dafs folglich die rationelle Behandlungsart der Thierkrankheiten durchaus solide Kenntnifs jener generischen oder specifischen Eigenthümlichkeiten des innern Baues voraussetze. So dafs es wohl sehr überflüssig seyn würde, das Digestionsgeschäfte der wiederkäuenden Thiere oder andre Beyspiele der Art erst noch zum Erweis solcher so gut wie mathematisch demonstrablen Wahrheiten aufstellen zu wollen.

Uebrigens konnte dieses Wenige, was hier doch gleichsam nur als Fingerzeig zur Würdigung des hohen Werths der vergleichenden Anatomie für Naturgeschichte, Physiologie und Thierarzneykunde gesagt worden, schwerlich eine angemefsnere, passendere Stelle finden, als in der Vorrede zu einem zootomischen Werke, dessen vielseitig interessanter Gegenstand sowohl, als die musterhafte, fruchtbare Weise, womit er behandelt worden, gerade selbst den sprechendsten Beweis für die Wahrheit alles hier Gesagten abgiebt; — zu einem Werke, das, wie Leser, die mit der Natur vertraut sind, auf jeder Seite desselben fühlen müssen, ganz und aufs getreuste aus ihr selbst geschöpft worden; — und dessen Verfasser, ein würdiger und geliebter Schüler seines und meines unvergeſslichen Freundes, unsers theuren *Abildgaard's*, sich durch dasselbe an die berühmten Nahmen seiner trefflichen Landsleute und classischen Vorgänger im zweckmäſsigen ergiebigen Studium der Zootomie anschlieſst, von welchen ich nur allein aus dem obgedachten güldnen Zeitalter dieser fruchtbaren Wissenschaft, hier die Namen *Nic. Stenson*, *Ole Borch*, *Thomas Bartholin* und *Ole Worm* zu nennen brauche, vier Männer, deren Schriften ich vorlängst mit eben der vielfachen grofsen Belehrung studiert habe, mit welcher ich jetzt das reichhaltige Werk, dem diese Blätter vorgesetzt sind, benutze.

Joh. Fr. Blumenbach.

Göttingen,
den 5ten Oct. 1805.

Vorbericht.

So geneigt auch verschiedene Sachkundige meine kleine Abhandlung über die Verdauungswerkzeuge einiger Säugethiere *) aufgenommen haben, so

*) Commentatio anatomico-physiologica sistens disquisitionem, an verum organorum digestioni inservientium discrimen inter animalia herbivora, carnivora et omnivora reperiatur. Gottingae 1804. 4.

wurde ich doch bei dem fortgesetzten Studium der vergleichenden Anatomie mehrere Mängel und Unvollkommenheiten darin gewahr, und entschloſs mich daher, den ganzen Gegenstand einer neuen Untersuchung zu unterwerfen, und die nicht unbedeutende Ausbeute derselben dem gelehrten Publicum in der nachstehenden Schrift zu übergeben. — Daſs diese durchaus nicht als Uebersetzung jener früheren Abhandlung anzusehen sey, davon wird, wie ich ohne die mindeste Anmaſsung zu behaupten wage, schon ein flüchtiger Ueberblick den Leser überzeugen. Die anatomische Beschreibung des Pferdes und Hundes, ist bei weitem genauer und ausführlicher angegeben, auch an verschiedenen Stellen verändert und mehr berichtigt. Die Entwickelung der Verdauungswerkzeuge bei den Vögeln ist ganz neu hinzugefügt, so wie auch einige Entdeckungen, die ich an den Gallenwegen des Waschbärs gemacht habe; und der physiologische Theil hat gleichfalls Veränderungen erlitten und beträchtliche Zusätze erhalten. —

Die anatomischen Beschreibungen und Abbildungen habe ich durchaus nach eigenen Zergliederungen verfertiget. Die Beschreibung des Pferdes, des Hundes und der Vögel, so wie sämtliche Abbildungen, dürfen vorzüglich auf Originalität, im strengsten Verstande des Wortes, Anspruch machen. — Auch wage ich gleichfalls zu behaupten, daſs der physiologische Theil dieses Werkes ganz neue Ansichten darbietet, die dem forschenden Physiologen nicht ganz gleichgültig seyn werden, weil sie vorzüglich aus der Natur geschöpft sind, und keine metaphysische Behauptungen und transcendentale Hypothesen enthalten, die hier nichts erklären, wohl aber alle weitere Untersuchung ersticken können. —

Es ist indessen keinesweges meine Absicht, andern Schriftstellern, die diese Gegenstände zum Theil bearbeitet haben, ihre Verdienste abzusprechen. Sie leisteten vielleicht alles, was ihr Zeitalter ihnen erlaubte. Allein das Fortschreiten der vergleichenden Anatomie hat die Ansicht der Dinge gar sehr verändert, und darin allein liegt der Grund, warum meine Darstellungen, von denen anderer Schriftsteller an vielen Stellen beträchtlich abweichen*), und warum manches bis jetzt

---

*) Meine anatomische Darstellung des Magens beim Pferde und die der Gallenwege

Unbemerkte von mir hinzugefügt werden konnte.

Die anatomischen Beschreibungen des Schweines und des Rindviehes sind weniger ausführlich gerathen. In Betreff des erstern hatte ich keine Gelegenheit an den eines natürlichen Todes gestorbenen Thieren Untersuchungen anzustellen, und an gemästeten war es mir theils nicht erlaubt, mit Mufse die Gegenstände zu prüfen, theils verhinderte das viele Fett, womit die Theile umwickelt waren, eine deutliche Ansicht derselben. — In Ansehung des Rindviehes habe ich mich deswegen kürzer gefafst, weil schon frühere Schriftsteller die

---

bei den Vögeln, mögen hier vorzüglich als Beyspiele dienen. —

Verdauungswerkzeuge dieser Klasse von Thieren vortrefflich geschildert haben, und ich Wiederholungen vermeiden wollte.

Nichts desto weniger gestehe ich, daſs, trotz aller meiner Anstrengungen, diese Arbeit bloſs als ein Beitrag zur Untersuchung der Verdauungswerkzeuge der Säugethiere und Vögel angesehen werden darf, und daſs niemand es lebhafter als ich selbst fühlen könne, wie viel noch zu leisten übrig sey. Wer in der Behandlung dieser Gegenstände das noch so entfernte Ziel der Vollendung zu erreichen wünscht, dem muſs eine groſse Mannichfaltigkeit von Beobachtungen, eine beträchtliche Menge der verschiedenen Thiere und freie Muſse zu Gebote stehen. Allen diesen Anforderungen aber zu entsprechen, war mir in meiner Lage nicht möglich. Ich würde daher vielleicht noch nicht gewagt haben hier öffentlich aufzutreten, wenn nicht der Herr Hofrath *Blumenbach*, dieser mit Recht so berühmte und geachtete Gelehrte, mich dazu aufgemunmuntert hätte. Durch seinen vortrefflichen Unterricht erhielt ich in der vergleichenden Anatomie einen philosophischen Ueberblick, und durch mündliche Unterredungen sowohl, als durch die mir vergönnte Benutzung seines, mit so vieler Sorgfalt und Sachkenntniſs angelegten, Kabinets wurde ich in den Stand gesetzt, meine Kenntnisse auf mannichfaltige Weise zu berichtigen und zu erweitern. Ich kann daher auch nicht umhin, diesem mir so theuren Lehrer für die Beweise seiner Güte öffentlich meinen wärmsten Dank zu zollen.

Sollte indessen dieses Werk bei meinen Herren Beurtheilern einigermaſsen Beifall finden, so würde ich darin nicht nur den angenehmsten Lohn für meine Bemühungen finden, sondern mir auch zur Pflicht machen, mich in diesem Studium immer mehr zu vervollkommnen, und mehrere Theile der vergleichenden Anatomie und Physiologie auf ähnliche Weise zu bearbeiten.

Die Bitte um nachsichtige Beurtheilung der Sprache und des Ausdrucks in diesem kleinen Buche, wird, wie ich hoffe, der geneigte Leser dem Ausländer um so leichter gewähren, je aufrichtiger dieser bekennt, wie sehr er dieser Nachsicht bedarf. —

Jens W. Neergaard.

Berlin,
im October 1805.

Inhalt.

Einleitung Seite XLIX

Erste Abtheilung.

Anatomische Beschreibung der Verdauungswerkzeuge der Säugethiere und Vögel.

Erster Abschnitt.

Die Verdauungswerkzeuge des Pferdes.

§. 1.

Allgemeine Eintheilung der Verdauungswerkzeuge des Pferdes in zwei Klassen Seite 1-2

§. 2.

Das Bauchfell im Allgemeinen 2-3

§. 3.

Die Struktur des Bauchfelles 3-4

§. 4.

Der Schlund und dessen Häute 5-6

§. 5.

Die Lage der Speisesöhre, deren Häute und Gefäſse. — Länge und Diameter derselben im aufgeblasenen Zustande Seite 6-9

§. 6.

Lage, Gestalt und Ausmessung des Magens im leeren und aufgeblasenen Zustande, nebst seinen zwei Oeffnungen 9-12

§. 7.

Die erste und äuſsere Haut des Magens, eine Fortsetzung des Bauchfelles 12-13

§. 8.

Die zweite oder Muskelhaut des Magens, nebst ihren drei verschiedenen Faserlagen und den zwei Ringmuskeln desselben 13-15

§. 9.

Die dritte oder Zellhaut des Magens 15-16

§. 10.

Die vierte oder Gefäſshaut des Magens, welche in zwei Theile zerfällt 16-20

§. 11.

Die fünfte und innerste Haut des Magens oder die Epidermis, welche ebenfalls in zwei Theile zerfällt 21-25

§. 12.
Die Gefäſse und Nerven des Magens. Seite 25 - 27

§. 13.
Eintheilung des Darmkanales in den dünnen und dicken, nebst Lage, Länge und Weite des erstern 27 - 28

§. 14.
Der Zwölffingerdarm, welcher in drei Aeste zerfällt 28 - 31

§. 15.
Eintheilung des dicken Darmes in den Blinddarm, Grimmdarm und Mastdarm, nebst der Länge derselben 31 - 32

§. 16.
Lage und Gestalt des Blinddarmes, nebst dem Uebergang des dünnen Darmes in denselben, und des Blinddarmes in den Grimmdarm 32 - 34

§. 17.
Lage und Gestalt des Grimmdarmes, welcher in seinem Laufe vier Lagen bildet 34 - 36

§. 18.
Weite der verschiedenen Lagen des Grimmdarmes 37

§. 19.
Lage und Weite des Mastdarmes Seite 38

§. 20.
Der Bau des Darmkanales im Allgemeinen 38-39

§. 21.
Die erste und äußere Haut des Darmkanales, als Fortsetzung des Bauchfelles . 39

§. 22.
Die zweite oder Muskelhaut des Darmkanales und die von ihr entstehenden Bänder 39-40

§. 23.
Die Zellhaut des Darmkanales und die zwischen ihr und der Gefäßhaut sich befindenden Schleimdrüsen 40-42

§. 24. a
Die vierte oder Gefäßhaut und die fünfte und letzte Haut (Epidermis) des Darmkanales, nebst denen aus ihnen entstehenden Zotten und Falten 42-43

§. 24. b
Der After mit seinen Muskeln 44

§. 25.
Das Gekröse, nebst seinen Drüsen, Gefäßen und Nerven 44-46

§. 26.

Das Netz und seine Gefäſse Seite 47

§. 27.

Lage, Gröſse und Farbe der Leber 48-49

§. 28.

Die Bänder der Leber 49

§. 29.

Die drei verschiedenen Haupt-Leber-Lappen, in Rücksicht ihrer Gestalt und Gröſse 49-52

§. 30.

Das gemeinschaftliche Stück der drei zusammenflieſsenden Leberlappen, nebst der in demselben sich befindenden Pforte 53-54

§. 31.

Die äuſsere Haut der Leber und ihrer Substanz 54-55

§. 32.

Die Lebergefäſse, welche in vier Hauptklassen zerfallen: 1) die Pfortader und Leberschlagader, 2) die Gallengefäſse, 3) die Lebervenen, und 4) die einsaugenden Gefäſse 55-59

§. 33.

Die Lebernerven 60

* * *

§. 34.

Lage und Gestalt der Milz Seite 60

§. 35.

Die zwei Flächen, Länge, Breite, Dicke und Gewicht der Milz 61

§. 36.

Die Haut, Substanz und Farbe der Milz 61-62

§. 37.

Die Gefäße und Nerven der Milz 63-64

§. 38

Eintheilung der Bauchspeicheldrüse in den longitudinellen und Querast, nebst der Lage, Gestalt und Größe derselben 64-67

§. 39.

Die Substanz der Bauchspeicheldrüse, deren zwei Ausführungsgänge, übrige Gefäße, Nerven und Gewicht. 67-68

Zweiter Abschnitt.

Der vielfache Magen des Rindviehes.

§. 1.

Die Speiseröhre im Allgemeinen S. 69-70

§. 2.

Allgemeine Eintheilung des Magens in vier Abtheilungen Seite 70

§. 3.

Die erste Abtheilung des Magens, der Panzen, seine Gröſse, Lage, Gestalt und Bau 70-75

§. 4.

Die zweite Abtheilung des Magens, die Haube, ihre Gröſse, Lage und Bau 75-76

§. 5.

Endigung der Speiseröhre in einen Halbkanal, und Beschreibung desselben 77-78

§. 6.

Die dritte Abtheilung des Magens, der Psalter, seine Gröſse, Lage und Bau 78-80

§. 7.

Die vierte Abtheilung des Magens, der Rhom, seine Gröſse, Gestalt und Bau 80-81

Dritter Abschnitt.

Die Verdauungswerkzeuge des Hundes.

§. 1.

Lauf, Länge und Weite der Speiseröhre S. 82-83

§. 2.

Die Muskelhaut und Epidermis der Speiseröhre Seite 83-84

§. 3.

Lage und Bau des Netzes 84

§. 4.

Lage, Gestalt und Gröſse des Magens im zusammengefallenen und aufgeblasenen Zustande 85-86

§. 5.

Lage des dünnen Darmes, dessen Länge und Weite bei thierischer Wärme und ohne dieselbe 86-87

§. 6.

Das Gekröse mit dem sogenannten Pancreas *Asellii* 87

§. 7.

Der Zwölffingerdarm mit seinen zwei Oeffnungen, welche den gemeinschaftlichen Gallengang (ductus Choledochus) und den Bauchspeicheldrüsengang aufnehmen 88-90

§. 8.

Der Blinddarm 90-91

§. 9.

Lauf, Länge und Weite des dicken Darmes bei thierischer Wärme und ohne dieselbe S. 92-93

§. 10.

Der Bau des Magens und Darmkanales im Allgemeinen, nebst seiner äuſsern Haut und Muskelhaut insonderheit 94-95

§. 11.

Die Zellhaut des Magens und der Gedärme 95

§. 12.

Die Gefäſshaut des Magens und der Gedärme nebst ihren Zotten 96-97

§. 13.

Die Epidermis 97

§. 14.

Die in der Höhle des Magens und der Gedärme sich befindenden Falten 98-99

§. 15.

Beschreibung der am After sich befindenden zwei ovalen Taschen. 99

§. 16.

Lage und Gewicht der Leber, nebst ihren Bändern 99-100

§. 17.
Die sieben Lappen der Leber Seite 100-104

§. 18.
Die Leberpforte, nebst den in ihr enthaltenen Gefäfsen 104-107

§. 19.
Die Gallenblase, nebst ihrem Ausführungsgange 108

§. 20.
Lage, Gestalt, Gröfse und Gewicht der Milz 108-109

§. 21.
Gröfse und Gewicht der Bauchspeicheldrüse, nebst ihrem Ausführungsgange 109-110

Vierter Abschnitt.

Die Verdauungswerkzeuge des Schweins.

§. 1.
Die Speiseröhre . Seite 111

§. 2 a.
Der Magen im Allgemeinen 111-112

§. 2 b.
Das Netz im Allgemeinen 113

§. 3.

Länge und Weite des dünnen Darmes S. 113

§. 4.

Der Zwölffingerdarm 113

§. 5.

Der Blinddarm 114

§. 6.

Der Grimmdarm, nebst seiner Länge und Durchmesser 114-115

§. 7.

Die Leber, nebst ihrer Gröſse und Gewicht 115

§. 8.

Die Milz, nebst ihrer Gröſse und Gewicht 115-116

§. 9.

Die Bauchspeicheldrüse, nebst ihrer Gröſse und Gewicht 116

Fünfter Abschnitt.

Die Verdauungswerkzeuge des Habichts.

§. 1.

Lage der in der Bauchhöhle sich befindenden Eingeweide, nach Wegnahme des Brustknochens und der Bauchmuskeln S. 117-119

§. 2.

Der Schlund im Allgemeinen. — Weite und Lauf der Speiseröhre. — Der Kropf nebst seiner Gröfse 119-120

§. 3.

Die Häute der Speiseröhre im Allgemeinen 121

§. 4.

Die erste oder äufsere Haut der Speiseröhre 121

§. 5.

Die zweite oder Muskelhaut der Speiseröhre 121-122

§. 6.

Die dritte oder Zellhaut der Speiseröhre, nebst den zwischen ihr und der folgenden Haut liegenden Schleimdrüsen 122

§. 7.

Die vierte Haut, nebst den von ihr gebildeten Falten 123

§. 8.

Die Blutgefäfse der Speiseröhre 124

§. 9.

Lage, Gestalt und Gröſse des Vormagens S. 124 - 125

§. 10.

Die Häute des Vormagens, nebst den zwischen ihnen sich befindenden zwei Arten von Schleimdrüsen 125 - 128

§. 11.

Lage, Gestalt und Gröſse des eigentlichen Magens, und seiner Häute im Allgemeinen 128 - 129

§. 12.

Die Muskelhaut des Magens 130

§. 13.

Die Zellhaut des Magens 130

§. 14.

Die vierte oder Gefäſshaut des Magens, nebst der an der innern Fläche desselben sich befindenden Schleimlage 131 - 132

§. 15.

Der Pförtner, nebst seinen vier länglichen Falten und der konischen Klappe 132 - 133

§. 16.

Länge und Weite der Gedärme 133 - 134

§. 17.

Lage des dünnen Darmes im Allgemeinen, und Lauf des Zwölffingerdarmes insonderheit Seite 135 - 136

§. 18.

Das Gekröse 136

§. 19.

Bemerkung über den im dünnen Darm sich befindenden Speisebrei 136 - 137

§. 20.

Die in dem Zwölffingerdarm befindlichen fünf Oeffnungen für die Gallen- und Bauchspeicheldrüsengänge 137 - 138

§. 21.

Die Blinddärmchen 138

§. 22.

Der dicke Darm 138 - 139

§. 23.

Die Häute des Darmkanales 139 - 140

§. 24.

Die Cloaca 140 - 141

§. 25.

Die Substanz, das Gewicht und die Lage der Leber 141 - 142

§. 26.

Gestalt und Gröſse der Leberlappen, nebst der Beschreibung ihrer obern Fläche Seite 142 - 144

§. 27.

Die Pforte, nebst denen in ihr enthaltenen Blutgefäſsen, Nerven und Gallengefäſsen. — Die Gallenblase mit ihrem Ausführungsgange 144 - 153

§. 28.

Der längliche Wulst auf der Oberfläche der Leber 153

§. 29.

Die untere und vordere Fläche der Leberlappen 153

§. 30.

Die Milz 154

§. 31.

Die Bauchspeicheldrüse 154 - 156

Zweite Abtheilung.

Vergleichung der Verdauungswerkzeuge der Säugethiere und Vögel, zur genauen zootomischen Kenntnifs dieser Thierklassen, und insonderheit zur Bestimmung des Unterschiedes zwischen den Pflanzenfressenden, Fleischfressenden und Allesfressenden Säugethieren und Vögeln.

Einleitung Seite 159-160

I.

Vergleichung der Speiseröhre im Allgemeinen.

A. Vergleichung der Speiseröhre bei den Säugethieren in Rücksicht ihrer Weite . . . Seite 163-164

B. Vergleichung der Speiseröhre bei den Säugethieren in Rücksicht ihres Baues . . . 164-165

C. Vergleichung der Speiseröhre bei den Vögeln mit der bei den Säugethieren . . 165-172

D. Vergleichung der Speiseröhre unter den Vögeln selbst . 172-175

II.

Vergleichung des Magens im Allgemeinen.

A. Vergleichung des Magens bei den Säugethieren in Rücksicht seiner Gröfse S. 179-180

B. Vergleichung des Magens bei den Säugethieren in Rücksicht der äufsern Gestalt und des Baues 180-189

Allgemeines Resultat der Vergleichung des Magens bei den Säugethieren . 190-194

C. Vergleichung des Magens der Vögel mit dem der Säugethiere 194-197

D. Vergleichung des Magens unter den Vögeln selbst 197-201

III.

Vergleichung der Gedärme im Allgemeinen.

A. Vergleichung der Gedärme bei den Säugethieren in Rücksicht der Länge S. 207-208

B. Vergleichung des dünnen Darmes bei den Säugethieren in Rücksicht des Baues 208-210

C. Vergleichung des ganzen dicken Darmes bei den Säugethieren S. 210

D. Vergleichung des Blinddarmes bei den Säugethieren 211-213

E. Vergleichung des Grimmdarmes und Mastdarmes bei den Säugethieren 213-215

Allgemeine Resultate der Vergleichung der Gedärme bei den Säugethieren 215-216

F. Vergleichung der Gedärme zwischen den Säugethieren und Vögeln 216-218

G. Vergleichung der Gedärme bei den Vögeln selbst 219-220

Allgemeines Resultat aus der Vergleichung der Gedärme zwischen den Vögeln und den Säugethieren 221

IV.

Vergleichung der Leber im Allgemeinen.

A. Vergleichung der Leber bei den Säugethieren in Rücksicht der Gröfse und Schwere S. 222-224

B. Vergleichung der Leber bei den Säugethieren in Rücksicht der Farbe und äufsern Gestalt 224-225

C. Vergleichung der Leber bei den Säugethieren in Rücksicht des innern Baues und der Gallenblase Seite 225-226

D. Vergleichung der Leber zwischen den Säugethieren und Vögeln 227-229

E. Vergleichung der Leber unter den Vögeln selbst 230-232

Allgemeine Resultate aus der Vergleichung des Gallensistems bei den angegebenen Säugethieren und Vögeln 232-234

V.

Vergleichung der Milz bei den Säugethieren und Vögeln 234-236

VI

Vergleichung der Bauchspeicheldrüse bei den Säugethieren und Vögeln 236-237

VII.

Allgemeines Resultat der Vergleichungen der Verdauungswerkzeuge bei den Säugethieren und Vögeln 237-240

Ist eine jede der erwähnten Thierklassen an eine bestimmte Nahrung gebunden? — Was lehrt die Erfahrung hierüber? Seite 240-244

Zu welcher der drei erwähnten Klassen gehört der Mensch? Was lehrt die Zergliederung der Verdauungswerkzeuge hierüber? was die Erfahrung? 244-250

VIII.

Allgemeines Resultat der Vergleichung der Verdauungswerkzeuge bei den Säugethieren und Vögeln, durch Zergliederung und Erfahrung bestätigt 250-252

Erklärung der Kupfertafeln 253

Einleitung.

Nachstehendes Werk hat ganz vorzüglich den Zweck, eine genauere zootomische Kenntniſs der Verdauungswerkzeuge der Säugethiere und Vögel zu gewähren, und insonderheit den Unterschied zwischen den Pflanzenfressenden, Fleischfressenden und Allesfressenden Säugethieren und Vögeln zu bestimmen. — Ehe ich aber zu diesem Hauptzweck übergehe, werde ich mich bemühen, eine, aus eigner Beobachtung der Natur entlehnte, anatomische Beschreibung dieser Eingeweide einzelner Thiere von jenen verschiedenen Klassen zu liefern. —

Unter den Säugethieren, welche bloſs von Pflanzennahrung leben, bemerkt man den merkwürdigen Unterschied, daſs eine Klasse, ohne wiederzukauen, die genossenen Nahrungsmittel verdauet, eine andere aber durch das Wiederkauen die Nahrungsmittel so verarbeiten muſs, daſs sie in den Stand gesetzt sind, aufgelöst, und verdauet werden zu können. Von beiden Klassen erwähle ich Beispiele, um aus denselben den verschiedenartigen Bau entwickeln zu können. Aus der ersten nehme ich besonders das Pferd, und aus der andern das Rindvieh. Zur Beschreibung der sogenannten Fleischfressenden Thiere bestimme ich den Hund, und als ein Allesfressendes soll das Schwein dienen. Zugleich werde ich auch bei der Vergleichung der Verdauungswerkzeuge Gelegenheit nehmen, einen allgemeinen Blick auf die analogen Theile im Menschen zu werfen, und sie mit denen der ersteren zu vergleichen. —

Da die Erfahrung gleichfalls lehrt, daſs die Vögel Nahrungsmittel von verschiedener Art aufsuchen, indem sie entweder bloſs vom Fleische, oder von Körnern, Insekten und Würmern leben, oder Fleisch und Pflanzensubstanzen ohne Unterschied genieſsen, so kann man auch schon ohne anatomische Untersuchung aus dieser verschiedenen Nahrungsweise folgern, daſs der Bau der Verdauungswerkzeuge bei den Vögeln an mehreren Stellen merklich von einander abweichen müsse. Und da überdies die Vögel ihre Speise, ohne sie zu zerkauen, verschlingen, so muſs auch die Einrichtung der Verdauungsorgane von derjenigen der Säugethjere in mehreren Puncten verschieden seyn. Um aber diesen Unterschied genauer angeben zu können, und ihre Abweichungen deutlich darzustellen, füge ich zugleich die Beschreibung der Verdauungswerkzeuge einiger Vögel hinzu, und wähle zu diesem Behufe von den Fleischfressenden Vögeln den Habicht, von den Pflanzenfressenden das Huhn, und von den Allesfressenden den Raben. Damit ich aber Weitschweifigkeit, und besonders Wiederholung vermeide, werde ich bloſs die Verdauungsorgane des ersteren ausführlicher beschreiben, und das Abweichende der andern zwei Klassen, bei der Vergleichung anführen, wo ich zugleich auch auf andere Säugethiere und Vögel Rücksicht nehmen werde.

Erste Abtheilung.

Anatomische Beschreibung der Verdauungswerkzeuge der Säugethiere und Vögel.

Erster Abschnitt.

Die Verdauungswerkzeuge des Pferdes [1]).

§. 1.

Die eigentlich sogenannten Verdauungswerkzeuge des Pferdes, wie auch der übrigen hier beschriebenen Thiere, zerfallen, wie die des Menschen, in zwei Klassen [2]). Die eine begreift den Darmkanal in sich, der am Rachen entspringt, und sich am After endiget. Er

1) Das Pferd, von welchem ich die verschiedenen Maafse genommen habe, hielt in seiner Höhe von der Erde bis zum Wiederruft fünf Fufs; die Länge vom After bis zu dem Schultergelenke fünf Fufs, drey Zoll, und vom After bis zur Spitze der Schnauze acht Fufs, neun Zoll.

2) Denn ich beschränke mich blofs auf diejenigen Theile, die man gewöhnlich in der Anatomie mit diesem Namen belegt, ohne auf die Mundhöhle, und die umgebenden Theile Rücksicht zu nehmen.

empfängt die Nahrungsmittel, löst sie auf, übergiebt den Milchgefäſsen den entwickelten Nahrungssaft, und wirft den unnützen Theil der Speisen aus den Körper. Die andere Klasse sondert gewisse Feuchtigkeiten ab, die in den Darmkanal geleitet, zur Auflösung der Speisen, und zur Entwickelung des Nahrungssaftes das Ihrige beitragen. Die Leber, Milz, und Bauchspeicheldrüse, stehen dieser Verrichtung vor. Alle diese verschiedenen Organe liegen in der Bauchhöhle, und werden, den Schlund, und einen groſsen Theil der Speiseröhre ausgenommen, von dem Bauchfelle umkleidet.

§. 2.

Das Bauchfell ist eine weiſsliche, perlfarbige, glänzende und feste Membran, die die innere Fläche der Bauchhöhle auskleidet, und die in derselben liegenden Eingeweide mehr oder weniger vollständig überzieht. Sie zeigt eine verſchiedene Dicke, ist merklich dicker an den Gedärmen der Leber und der Milz, dünner, feiner und durchsichtiger am Netze. Sie ist, wie bei dem Menschen, einfach. Nach auſsen wird sie von einem Zellgewebe bedeckt, der sie an die benachbarten Theile anheftet. Ihre innere Fläche hingegen ist glatt und feucht. Sie bekleidet die Verdauungsorgane auf solche Art, daſs sie dieselben mehrentheils einhüllt, und durch ihren

Lauf in einen eigenen Sack einzuschliefsen scheint. Zugleich überdeckt sie die innere Oberfläche der Bauchmuskeln, den gröfsten Theil der hinteren Fläche des Zwerchfelles, einen Theil der Blase, und mehr, oder weniger die Geschlechtstheile. Das hinterste Ende des Mastdarms läfst sie aber ohne Ueberzug hervortreten, und wickelt weder die grofsen, am Rückgrat liegenden Blutgefäfse, noch die Nieren und Harnleiter ein. In die Höhle des Sackes verlängert sie sich, und erzeugt das Gekröse, die Netze und mehrere Bänder. In ihrem Laufe aber läfst sie keine Oeffnungen übrig, um die Gefäfse und Nerven durchzulassen, die zu den verschiedenen Organen gehen, oder von dorther zurückkommen; vielmehr wickelt sie durch ihre Verdoppelungen auch diese ein, begleitet sie bis zu ihrem Beftimmungsorte, und giebt ihnen zur sicheren Lage gleichsam eine Scheide. Diese Einrichtung zeigt sich am deutlichsten bei dem Eingange der Gefäfse in den Magen, die Gedärme und Milz.

§. 3.

Das Bauchfell wird aus Zellgewebe zusammengefetzt, wie es die Maceration lehrt, und *von Haller* deutlich bewiesen hat. Nur ist es mehr zusammengedrückt; seine Blättchen nähern sich einander genauer, und die dazwischen liegenden Räume sind bloſs verkleinert, oder völlig vernichtet. Hierdurch unterscheidet sich dieses Zellgewebe von dem gewöhnlichen und mehr lockeren.

Das Bauchfell besitzt eine groſse Menge aushauchender, und einsaugender Gefäſse; die ersteren sondern auf der inneren Oberfläche der Membran eine Feuchtigkeit ab, wodurch sie beständig ſchlüpfrig erhalten wird, letztere hingegen nehmen diesen secernirten Stoff wieder auf. — Manche Physiologen behaupten, daſs es keine Nerven erhalte, und sprechen ihm im Allgemeinen Empſindlichkeit ab. Man muſs aber in Rücksicht der Empfindlichkeit hier einen Unterschied festsetzen. Nach den, an lebendigen Thieren angestellten Versuchen zu urtheilen, ist es erwiesen, daſs dem Bauchfelle die thierische Empfindlichkeit sowohl, als auch die bemerkbare organische Contractilität fehle, daſs es aber die unmerkliche organische Zusammenziehungskraft, und die derselben entsprechende Empfindlichkeit besitze, durch welche eine beständige Thätigkeit im Aushauchen, Einsaugen und in der Ernährung, unterhalten werde.

§. 4.

Der Schlund bildet einen geräumigen, theils musculösen, theils häutigen Sack, der ein trichterförmiges Ansehen hat. Nach vorne hängt er mit dem Rachen, der Eustachischen Röhre, dem Keilbein und Gaumenbein zusammen. An beiden Seiten verbindet er sich mit dem Zungenbeine; nach oben wird er mit der Wirbelsäule, durch Zellgewebe vereinigt, das eine dünne Membran erzeugt, welche die Muskelbündel bedeckt. Nimmt man dieses Zellgewebe hinweg, so erscheint die erste wahre Haut des Schlundes. Sie ist fleischig, und wird aus dreizehn Muskeln gebildet, die, einen ausgenommen, sechs Paar ausmachen. Sie entspringen, im Allgemeinen genommen, von dem Gaumenbeine, dem Keilbeine, dem Zungenbeine, und dem Luftröhrenkopfe. Nimmt man die Muskellage hinweg, so folgt eine Lage Zellstoff, die nach aufsen locker, nach innen dichter erscheint, und ein membranöses Ansehen hat; daher ich sie die Zellhaut nennen will. Ueber dieser liegt nun die Fortsetzung der Schleimhaut der Nase, und der Mundhöhle, welche ich sowohl hier, als an dem Magen, und ganzen Darmkanale, als eine Gefäfshaut betrachte, und ihr diesen Namen beilege. Sie wird von einer Epidermis bedeckt. So wie sie aus der Nase und Mundhöhle in den Schlund tritt, erscheint sie zuerst weich und röthlich, verändert aber ihr äufseres Ansehen, sobald sie gegen die Speiseröhre gelangt. Sie bildet nämlich daselbst eine Querfalte, wird nun härter, und erhält ein weifses, beinahe sehniges Ansehen, das sich bis zum Magen herab erstreckt. Diese Veränderung wird wahrscheinlich durch die Epidermis hervorgebracht, wie es aus dem Folgenden erhellen wird.

§. 5.

Der Schlund geht in die Speiseröhre über. Nach verloschener thierischer Wärme, wie ich insgemein bemerkt habe, stimmt die Länge dieses Kanales mit der Höhe des Pferdes überein, und betrug bei dem angeführten fünf Fufs [3]); obgleich wegen der verschiedenen Länge des Halses, ein kleiner Unterschied eintreten kann.

Sein Diameter zeigte, im mäfsig aufgeblasenen Zustande, einen und einen halben Zoll. Er liegt am Halse, zwischen der Wirbelsäule, und der Luftröhre, und beugt sich etwas nach der linken Seite. So steigt er nun in einer schiefen Richtung gegen die Brusthöhle herab,

3) Bourgelat nimmt nur drei und einen halben Fufs an. Er rechnet nämlich nach Pariser Maafs, dagegen ich das Rheinländische annehme. —

durchläuft das obere *Mediastinum* in einer horizontalen Lage, berührt nach oben die Wirbelsäule, und geht nach unten über die Luftröhre, und den Herzbeutel. Endlich gelangt er zu der für ihn bestimmten Oeffnung des Zwerchfelles, lenkt sich kurz vorher, ehe er durch dieselbe geht, etwas links, durchbohrt sie, tritt in die Bauchhöhle, und endiget sich ungefähr einen Zoll hinter dem Zwerchfelle, schräg in den Magen, so daſs er mit ihm einen mehr oder weniger spitzen Winkel bildet, der von der stärkern oder geringeren Anfüllung des Magens abhängt. Die äuſsere Fläche der Speiseröhre wird allenthalben vom Zellgewebe eingehüllt. Unter derselben befindet sich eine Muskelhaut, deren äuſsere Fasern vom Ursprunge dieſes Kanales bis zum Magen nach der Länge herablaufen, die inneren aber schraubenförmig, und eine Spirallinie bildend, um die Speiseröhre herumgehen. Sie nehmen, so wie sie gegen den Magen herabsteigen, an Dicke beträchtlich zu. Durch einen solchen Bau erhält der Kanal eine groſse Zusammenziehungskraft, und man findet ihn im leeren Zustande fast verschlossen. Nach weggenommenen Muskelfasern erscheint die Zellhaut, welche die gleiche Beschaffenheit hat, wie diejenige am Schlunde, von der sie eine Fortsetzung ist. Unter derselben folgt nun die oben bemerkte Gefäſshaut, die in den Magen übergeht. Sie zeichnet sich hier durch eine dünnere, aber festere Struktur aus, und ist im Umfange weiter, als die Muskelhaut, um dem eintretenden Futter nachgeben zu können. Daher sieht man sie, so wie die darüber liegende Zellhaut, im zusammengezogenen und ruhigen Zustande der Speiseröhre, nach der Länge gefaltet. Nach aufsen ist sie mit der Zellhaut sehr genau vereiniget, nach innen hingegen sehr innig mit der fünften, oder Epidermis verbunden, indem nämlich aus der Gefäfshaut feinere Gefäfse in die letztere übergehen. Doch fand ich ihre Verbindung bei weitem nicht so innig, als am Magen. Die letzte Haut ist wahrscheinlich nur als wahre Epidermis anzusehen, welche die innere Oberfläche des Schlundes sehr fein bedeckt, aber an der oben angeführten Querfalte ihren Zustand verändert, stark, weifslich und blättrig erscheint, und sich, ihrer Struktur nach, als wahre verdickte Epidermis darstellt. Wahrscheinlich ist sie auch unempfindlich, welches nachher aus der Beschreibung des Magens deutlicher erhellen wird. Die äufsere Fläche dieser Membran ist genau mit der Gefäfshaut vereinigt, indem aus der letzteren Gefäfse in erstere eindringen; die innere hingegen ist vielfach gefurcht, wie die Epidermis der äufsern Haut, und mit einer Feuchtigkeit beständig bedeckt. Sie erzeugt längliche

Falten, die sich nach den Falten der Gefäſshaut richten.

Die Schlagadern der Speiseröhre kommen am Halse aus der Carotis, in der Brusthöhle aus der Aorta hervor. Die Venen gehen theils in die jugularis sinistra, theils in die vena azyga über. Nerven erhält der Kanal von dem nervus vagus.

§. 6.

Der Magen [4]) liegt hinter dem Zwerchfell gegen die Lendenwirbel und groſsen Gefäſse, vorzüglich nach der linken Seite gegen die Milz. Nach vorne berührt er rechts die Leber, und etwas links unmittelbar einen kleinen Theil des Zwerchfelles. Nach hinten gränzt er an den dünnen Darm, und an den transversellen Theil der Bauchspeicheldrüse. Rechts liegt neben ihm der rechte und mittlere Leberlappen, links die Milz, und nach unten der Grimmdarm. Im aufgeblasenen Zustande hielt der Diameter des Magens von der groſsen nach der kleinen Krümmung zehn Zoll, von einer Seitenwand zur andern neun und einen halben Zoll. Die Länge der groſsen Curvatur von der Cardia nach dem Pförtner, betrug drei

4) Tab. II. Fig. 1. (A)

Fuſs und neun und einen halben Zoll; die Länge der kleinen Curvatur zwischen beiden Oeffnungen sieben Zoll; der ganze Umfang des Magens vier und einen halben Fuſs. Im zusammengefallenen Zustande dieses Eingeweides [5]) machte die Länge der groſsen Krümmung drei Fuſs und drei Zoll aus, die der kleinen sechs Zoll. Der mit Wasser angefüllte Magen nahm nach erloschener thierischer Wärme ein und dreiſsig und ein halb Pfund auf.

Die äuſsere Gestalt des ausgedehnten Magens ist fast halbmondförmig, und hat, wie *Bourgelat* bemerkt, viele Aehnlichkeit mit der Niere eines Pferdes [6]). In diesem Zustande liegt der Magengrund nach oben und hinten, der Pförtner nach vorne und unten, die groſse Krümmung nach unten und links, die kleine

5) Aber mit der Bemerkung, daſs der Magen kurz vorher vom Futter sehr ausgedehnt gewesen war.

6) Tab. II. Fig. 1. (A). — Bei einem ungebornen Eselsfüllen von neun Monaten fand ich den Magen mehr länglich. — Die groſse Curvatur hielt im aufgeblasenen Zustande zehn Zoll; die kleine zwei und einen halben Zoll. Das Maaſs von einer Curvatur zur andern drei Zoll, die Breite zwei Zoll und zwei Linien. Der Magen enthielt eine gelblich-weiſse Feuchtigkeit, ungefähr ein halbes Nösel, und seine innere Haut war übrigens mit einem klaren, ungefärbten Schleime überzogen.

nach oben und rechts. Die eine Fläche tritt in Berührung mit dem linken Lappen der Leber, und einem kleinen Theile des Zwerchfells, die andere ist gegen den dünnen Darm gekehrt. Indessen hängt überhaupt die Lage des Magens im Allgemeinen davon ab, in wie fern er mehr oder weniger angefüllt ist. So fand ich im leeren Zustande die vordere Fläche beinahe nach oben liegen, die hintere hingegen mehr nach unten; der blinde Sack rückte gegen die rechte Seite, und lag mit dem Pförtner in Berührung, die Cardia endlich ruhte auf dem Pförtner.

Ist der Magen leer, so wird man von aufsen einen Einschnitt [7]) besonders sehr deutlich bemerken, der von der kleinen Krümmung nach der grofsen herabläuft, und den blinden Sack, nebst einem kleinen Theile des mittlern Stückes vom Magen von dem übrigen Theil desselben so absondert, dafs man fast verleitet werden sollte, einen doppelten Magen anzunehmen.

Der Magen besitzt zwei Oeffnungen, eine vordere und eine hintere. Die vordere, Cardia genannt, steht mit der Speiseröhre in Verbindung, bildet mit letzterer den schon oben an-

7) Bei Füllen ist er gar nicht sichtbar, und erscheint erst mit zunehmenden Jahren.

gegebenen Winkel, und liegt höher, als die hintere Oeffnung. Diese letztere, der Pförtner [8]) genannt, ist von der erstern nur fünf bis sechs Zoll entfernt, und geht in den dünnen Darm über. Hier bemerkt man einen leichten Einschnitt, der daher entstehet, daſs die muskulösen Zirkelfasern daselbst am Umfange enger sind, und gleichsam tiefer einschneiden, die longitudinellen hingegen straff vom Magen zum dünnen Darm übergehen. Diese Beschaffenheit der Muskelfasern zwingt die darunter liegende Zellhaut oder Gefäſshaut, in die Höhle des Pförtners einzutreten, und eine Art Falte zu bilden, deren Hervorragung aber gering ist, und die nur uneigentlich den Namen einer Klappe des Pförtners führen kann [9]).

§. 7.

Die Substanz des Magens ist dick, fest, dicht, und aus fünf Häuten zusammengesetzt. Die erste und äuſsere ist eine Fortsetzung des Bauchfelles, das von der Leber,

8) Tab. II. Fig. 1. (B)

9) An dem Pförtner des Magens eines Esels fand ich eine konische Erhabenheit, die wahrscheinlich den Nutzen hat, die Oeffnung des Pförtners genauer zu verschlieſsen, weil der Sphinkter hier von geringerer Stärke und Dicke war. Bei dem Eselfüllen hingegen sah ich diese Erhabenheit nicht.

Milz und dem Zwerchfelle, gegen den Magen geht. Die äufsere Fläche derselben ist glatt und feucht, die innere hingegen geht in ein Zellgewebe über, das zwischen die Fasern der darunter liegenden Muskelhaut eindringt, und beide, obgleich nur locker, verbindet. In der kleinen Krümmung erzeugt sie zwei Bänder [10]), die von einer Oeffnung zur andern laufen, und zu bewirken scheinen, dafs die Mündungen sich weniger von einander entfernen, welches geschieht, sobald man jene zerschneidet und den Magen aufbläst. An der grofsen Krümmung sind diese nicht vorhanden, daher auch letztere dem Futter leichter nachgeben kann. Wird also der Magen ausgedehnt, so hebt sich der Pförtner etwas, und bildet mit dem Zwölffingerdarme einen mehr oder weniger spitzen Winkel.

§. 8.

Wird die erste Haut weggenommen, so erscheint die zweite, die eine wahre Muskelhaut [11]) darstellt. Die dichten und starken

10) Bertin l. c. s. unten.

11) Eine sehr ausführliche Beschreibung des Laufes dieser Fasern hat Bertin in den Mem. de la Soc. roy. de Sc. Anno 1746 übers. in Froriep's Bibliothek für die vergleichende Anatomie T. I. St. 2. p. 228. vorgelegt. Deswegen habe ich sie nur im Allgemeinen beschrieben, und verweise auf seine vollständigere Darstellung.

Muskelfasern bilden mehrere Lagen, und jene sind an verschiedenen Stellen mehr oder weniger angehäuft. Besonders umgeben sie den blinden Sack sehr stark, daher er dicker und härter erscheint, und sein Ansehen von dem des übrigen Theiles merklich abweicht. Die erste Lage der Muskelfasern, welche gleich in das Auge fällt, besteht aus den longitudinellen Fasern der Speiseröhre. Sobald sie zu dem Magen gelangen, laufen sie strahlenförmig aus einander; einige gehen in die kleine Krümmung zu dem Pförtner, andere verbreiten sich über die Magenflächen, andere, und zwar die zahlreichsten und stärksten, bedecken den blinden Sack. Eine zweite Lage läuft transversell um den Magen, und bildet vollständige Kreise. Diese Fasern entstehen zuerst am Magengrunde, und sind daselbst sehr stark. Sie wenden sich nun in gröſseren Kreisen gegen die Mitte des Magens, wo sie schwächer erscheinen. Endlich nähern sie sich dem Pförtner, und werden wieder stärker. In der kleinen Krümmung liegen sie überhaupt mehr angehäuft. Sie werden von der dritten Lage, die eine schräge Richtung hat, durchschnitten. Diese schrägen Fasern sind wahre Fortsetzungen der schraubenförmigen Fibern der Speiseröhren, und allenthalben mit der zweiten Lage verbunden. Die kreisförmigen und schrägen häufen sich sowohl um die Cardia, als den Pförtner an, und bilden starke Ringmuskeln, welche die Oeffnungen genau verschliefsen.

§. 9.

Unter der Muskelhaut liegt eine Lage dichten Zellgewebes, der ich schon oben den Namen Zellhaut [12]) beigelegt habe, und die nach der Ordnung die dritte Membran darstellt. Sie ist gleichfalls, wie am Schlunde und der Speiseröhre, gegen die Muskelhaut lockerer, gegen die folgende Membran dichter und fester. Ob ich gleich diese Anhäufung des Schleimgewebes hier um der Deutlichkeit willen, so wie auch an der Speiseröhre und dem Schlunde, als eine Haut anführe, so verdienet sie bei dem Pferde diesen Namen doch nicht eigentlich, indem die Einwässerung lehrt, dafs sie sehr leicht in Zellgewebe aufgelockert werden könne. Auch bemerkte ich am Magen des Pferdes mehrere Male Luft in ihren Zellen, wodurch die lockere Beschaffenheit hier noch deutlicher ins Auge fiel. Indessen trägt sie doch gewifs vieles

12) Der Grund, warum ich diesen Namen gerade wähle, liegt darin, dafs ich mehr auf die zellige Beschaffenheit, als auf die Gefäfse Rücksicht nahm, und ich finde den Ausdruck Gefäfshaut, für die folgende Membran schicklicher, da sie aus einer gröfseren Summe von Gefäfsen zusammengesetzt scheint.

dazu bei, dem Magen theils seine Form zu geben, theils seine Haltbarkeit und Festigkeit zu unterstützen. Mit der Muskelhaut vereinigt sie sich nicht allenthalben gleich genau. Gegen das blinde Ende des Sackes ist die Verbindung zwischen beiden so innig, daſs man sie kaum trennen kann; hingegen nach dem andern Ende des Magens hin geht die Trennung sehr leicht von Statten. In dieser Zellhaut zerästeln sich die Gefäſse des Magens, und an ihrer innern Oberfläche liegen die Schleimdrüsen ausgebreitet, die ihre Feuchtigkeit in die Höhle des Magens ergieſsen.

§. 10.

Auf die Zellhaut folgt nach innen die Gefäſshaut, als die vierte Membran. Sie zeigt in Betracht ihrer äuſsern Ansicht eine doppelte Beschaffenheit, daher kann ich sie mit Recht in zwei Theile absondern, deren Lauf und Gränzen durch die folgende Beschreibung genauer festgesetzt werden.

Der erste Theil überzieht die Cardia, den Magengrund, und etwas von dem mittleren Theile des Magens, und wird allein von der verdeckten Epidermis umhüllt. In Ansehung ihres Baues scheint sie sehr compact und fest zu seyn, ob sie gleich nur eine sehr geringe Dicke besitzt, und um desto

desto dünner wird, je mehr sie sich dem andern Theile nähert, wo sie im frischen Zustande gar nicht in die Augen fällt. Denn bei der Absonderung der verdickten Epidermis wird sie gleichfalls mit weggenommen, weil sie mit ersterer auf das genaueste vereinigt ist. Legt man aber ein solches Stück von diesem Theile des Magens in kochendes Wasser, und kühlt es dann schnell in kaltem ab, so erblickt man sie deutlich, indem die verdickte Epidermis die weiſse Farbe behält, die Gefäſshaut aber bräunlich erscheint. Wegen dieser dünnen Beschaffenheit und der genauen Verbindung mit der darunter liegenden Haut, reiſst sie leicht von dem andern Theile ab. Besonders geschieht dieses, wenn man die Häute einwässert, und in Fäulniſs übergehen läſst. Man kann alsdann leicht getäuscht werden, wie ich es selbst bei meiner ersten Untersuchung erfahren habe.

Dieser Theil der Gefäſshaut besitzt im frischen Zustande eine weiſsliche, etwas ins röthliche fallende Farbe. Sie erhält viele Blutgefäſse aus der Zellhaut, die nach weggenommener Epidermis sehr deutlich erscheinen, besonders gegen den andern Theil hin, wo sie ein starkes und flockiges Gewebe [13]) bilden, das wahr-

13) Sehr deutlich sah ich dasselbe, wenn ich die Haut auf die oben angegebene Weise mit kochendem Wasser behandelte; die Gefäſshaut schrumpft dann stark

scheinlich vorzüglich aus den Endigungen der aushauchenden und einsaugenden Gefäſse bestehet. Indem die Gefäſs-Enden in die Epidermis durch kleine röhrenförmige Oeffnungen eindringen, so wird dadurch zwischen beiden eine innige Verbindung bewerkstelliget. Dieser Theil der Gefäſshaut hat einen gröſseren Umfang, als die darüber liegende Muskelhaut, daher bildet sie mit der Epidermis, und der darüber liegenden Zellhaut viele Runzeln, die in mancherlei Richtungen liegen, ausgenommen an der Cardia, wo sie nach der Länge laufen, und die Oeffnung beinahe ganz verschlieſsen. —

Der andere Theil der Gefäſshaut überzieht den Rest des Magens, erzeugt wenigere, und zugleich unbestimmt laufende Runzeln, und geht in den Zwölffingerdarm über. Er ist in Ansehung seines Baues nicht so dicht, hat ein weiches, schwammiges Ansehen, und besitzt eine stärkere rothe Farbe [14]), weil die

zusammen, und läſst sich von der fünften Haut leicht ablösen, worauf das flockige Gewebe vortreflich in die Augen fällt. Eben diesen Zustand der Häute habe ich auch mehrmals durch die Maceration bemerkt.

14) Beim Eintauchen in kochendes Wasser, nahmen beide Theile eine beinahe gleich braunrothe Farbe

Blutgefäſse wahrscheinlich wegen der lockeren Struktur der Haut hier mehr Blut aufnehmen. Da letzterer Theil viel dicker ist [15]), so bildet er an seinem Anfange einen beträchtlichen Wulst, der sichtbar wird, wenn die fünfte Haut von dem ersten Theile der Gefäſshaut abgenommen wird, die mit ihrem nachher anzuführenden zackigen Rande denselben bedeckt. Die innere Fläche dieses Theils ist voll kleiner, runder Erhabenheiten, die dem äuſsern Ansehen nach mit den Zotten im dünnen Darme nicht übereinstimmend sind. Sie werden mit einer feinern Fortsetzung der Epidermis überzogen. Untersucht man beide Theile der Haut, sowohl im frischen Zustande, als vorzüglich, nachdem sie in kochendes Wasser eingetaucht sind, so bemerkt man, daſs sie aus einer feinen Membran bestehen, die gegen die Zellhaut gekehrt ist. Von der innern Oberfläche derselben treten die vermuthlichen Gefäſs-Enden in dichten Lagen neben einander einige Linien hervor, und bilden an dem letzten Theile, der gegen den Zwölffingerdarm gekehrt ist, eine Menge hervorra-

an, woraus ich deutlich sah, daſs beide nur eine einzige Haut ausmachen.

15) Indessen ist diese Dicke verschieden. Gegen die groſse Curvatur erscheint sie am dicksten.

gender cylindrischer Röhren, die wahrscheinlich durch ein feines Zellgewebe unter einander verbunden sind. Zerrifs ich diesen Theil, so fand ich auf dem Risse ein strahliges Ansehen, das mit dem Zünderschwamme, oder den Schalen der *pinna,* oder dicker Epidermis Aehnlichkeit hatte. Die Verbindung der Gefäfshaut mit der Zellhaut sah ich auf folgende Weise. Es treten nämlich aus letzterer viele Gefäfse in die erstere, so dafs es an einigen Stellen das Ansehen hat, als würden beide Häute blofs durch Hülfe dieser Gefäfse vereiniget, welche Verbindungsart an dem letzten Theile besonders deutlich ist [16]). Wenigstens mufs das dazwischen liegende Zellgewebe hier sehr fein seyn. Gegen den zackigen Rand hin, und an dem ersten Theile des Magens fand ich indessen aufser den Gefäfsen auch einiges Zellgewebe, das man mit unbewaffnetem Auge bemerken kann, und hier zeigte sich auch die Verbindung stärker. Beide Häute verhalten sich daher, in Rücksicht ihrer Verbindung, fast auf gleiche Art, wie am Auge die *sclerotica* zur *choroidea* [17]).

16) Tab. IV. Fig. 4. (a. d.)

17) Um die Gefäfshaut von der Zellhaut zu trennen, mufs man auf folgenden Handgriff Rücksicht nehmen. Man durchschneidet die Gefäfshaut bis auf den Punkt, wo die Zellhaut erscheint, und hebt

§. 11.

Die letzte und innerste Haut ist die Epidermis [18]), eine Fortsetzung der innern Membran der Speiseröhre. Sie erscheint in Betracht ihres äufseren Ansehens, und der inneren Beschaffenheit auf eine doppelte Weise, und steht, wenn ich sie mit der Gefäfshaut, in Rücksicht ihrer verschiedenen Stärke, vergleiche, mit letzterer im umgekehrten Verhältnisse, so dafs die Epidermis an der ersten Hälfte des Magens dicker, an der letzten dünner sich darstellt, da hingegen die Gefäfshaut an der ersten dünner, an letzterer dicker war; daher theile ich sie auch in zwei Theile ab.

Der erste Theil [19]) breitet sich über den Magengrund aus, und rückt bis zu dem Wulste vor, den die Gefäfshaut, wie schon

alsdann den durchschnittenen Rand behutsam auf, worauf sich beide Häute ohne Hülfe eines Messers leicht trennen lassen. Schneidet man aber etwas tiefer in die Zellhaut ein, so ist die Trennung schwierig.

18) Ganz deutlich fand ich sie als Epidermis, an dem ersten Theil des Magens bei dem Esel, indem sie durch vorangegangene Krankheit von der darüber liegenden Gefäfshaut sich losgetrennt hatte, und leicht abgesondert werden konnte.

19) Tab. II. Fig. 2. (A.)

oben angegeben ist, bildet. Er nimmt, so wie er von der Speiseröhre herabsteigt, an Dicke und Härte zu, und endiget sich zuletzt in einen zackigen, etwas erhabenen Rand [20]), der über den Wulst der Gefäſshaut hervorragt, und aus einer Verdoppelung der Epidermis besteht [21]), hier beträgt sie an einigen Stellen ungefähr $\frac{1}{4}$ Zoll an Dicke [22]). Dieser erhabene Rand ist kreisförmig, steht nach innen hervor, und liegt bestimmt an der Stelle, wo von Auſsen der schon angegebene Einschnitt am Magen sichtbar war, und letzteren in zwei Theile abzusondern schien.

20) Tab. II. Fig. 2. (C.)

21) Einen ähnlichen Rand habe ich mehrmals bei den Hühnern gefunden, da wo der Vormagen (Bulbus glandulosus) in den eigentlichen Magen übergeht.

22) Dieses gilt aber nur von dem Magen alter Pferde. In jungen hingegen, bis zum 3ten und 4ten Jahre, ist sie viel dünner, und läſst die Gefäſshaut durchschimmern, daher sie selbst eine röthliche Farbe anzunehmen scheint. Eine gleiche Eigenschaft, an Dicke mit dem Alter zuzunehmen, hat ja auch, wie bekannt ist, die Epidermis in dem eigentlichen Magen der kornfressenden Vögel. Diese Uebereinstimmung in den beiden Thierklassen veranlaſste mich besonders, den Magen des Pferdes einer neuen Untersuchung zu unterwerfen, deren Resultate ich hier geliefert habe.

Die Epidermis besteht hier, wie an der Speiseröhre, aus mehreren über einander liegenden Blättern [23]), welche nach innen sich leicht von einander trennen lassen, nach aufsen aber gegen die Gefäſshaut unter sich genauer zusammenhängen *). Auch bildet sie in der Höhle des Magens dieselben Runzeln, wie die Gefäſshaut, mit der sie sich genau vereiniget. An ihrer äuſseren Oberfläche erblickt man deutlich mit bloſsen Augen eine groſse Menge röhrenförmiger Oeffnungen, die das netzförmige Gewebe der Gefäſshaut aufnehmen, welches erscheint, sobald man beide Membranen trennt. Durch dasselbe wird zwischen beiden Häuten eine genaue Verbindung erzeugt, die gegen den erhabenen und zackigen Rand zunimmt. Ihre innere Fläche schien mir durch Hülfe einer Lupe, mit vielen kleinen Punkten übersäet zu seyn, die wahrscheinlich bloſs Oeffnungen aushauchender Gefäſse sind. — Dieser Theil der Epidermis scheint die thierische Empfindlichkeit der darüber liegenden Gefäſshaut sehr zu verringern, denn man findet an derselben oft

23) Die äuſsere Lage der Blätter verleitete mich bei meiner ersten Untersuchung, sie als Epidermis anzusehen, welche die darüberliegende, von mir damals angenommene weiſse Haut bedecke.

*) Diese blättrigen Lagen sind bei jungen Pferden weniger sichtbar.

eine grofse Menge Larven des oestri equi, die sich hier anhängen [24]), und so tief einsaugen, dafs, wenn man sie wegnimmt, runde Löcher zurück bleiben, durch die man nicht allein die Gefäfshaut erblickt, sondern auch oft bemerkt, dafs letztere selbst von ihnen angegriffen ist. — Sobald die verdickte Epidermis den zackigen Rand gebildet hat, hört sie wahrscheinlich nicht auf, sondern verliert sich nun in

Den zweiten Theil. Dieser ist aber viel dünner, als der erstere, und überdeckt den Rest der Gefäfshaut gegen den Pförtner hin, als eine feine durchsichtige Membran, die ich bei mehreren gelungenen Präparaten vollkommen abgelöst und einzeln dargestellt habe. Diese plötzliche Veränderung der Beschaffenheit der Epidermis, kann nicht so sehr auffallend seyn, da bei den körnerfressenden und mehreren andern Arten von Vögeln die Epidermis im eigentlichen Magen, bei dem Uebergange in den Darm sich wahrscheinlich auf ähnliche Weise umändert. Oder kann man die Sache bei dem Pferde sich vielleicht auf diese Art denken, dafs die verdickte Epidermis von der Speiseröhre herabsteigt, die feinere hingegen vom Zwölffingerdarme in den zweiten

24) Tab. II. Fig. 2. (D.)

25) Tab. II. Fig. 2. (B.)

Theil des Magens sich ausbreitet, und beide sich an dem zackigen Rande vereinigen?

Die ganze innere Fläche der Epidermis ist mit Schleim bedeckt, der aber an beiden Theilen eine verschiedene Eigenschaft zeigt. An dem ersten ist er weniger dick und klebrig, an dem andern Theile erscheint er dicker, und in grösserer Menge. Wahrscheinlich nützt er hier nicht blofs dazu, um die Oberfläche des Magens schlüpfrig zu machen, und den Fortgang des Speisebreies nach dem Darme zu erleichtern, sondern seine Bestimmung scheint vorzüglich zu seyn, die Gefäfshaut gegen den Eindruck der aufgenommenen Nahrungsmittel zu schützen, weil hier die Epidermis sehr dünn ist.

§. 12.

Der Magen erhält viele Arterien, deren Lauf mit denen bei dem Menschen sehr übereinstimmt. Es tritt nämlich in die kleine Magenkrümmung ein Ast von der arteria coeliaca, die coronaria, hinein, die sich zuerst gegen die cardia lenkt, und sich in zwei Aeste spaltet, welche in dieser Krümmung gegen den Pförtner laufen, sich unter einander verbinden, und ihre Zweige über die Magenfläche ausbreiten. Von der arteria hepatica kommt auch ein Ast zu dieser Krümmung, und vereiniget sich mit den vorigen,

Die grofse Magenkrümmung erhält eine zweifache Arterie; die eine kommt von der rechten Seite, wird arteria gastroëpiploica dextra genannt, und entspringt aus der hepatica; die andere von der linken Seite, artéria gastroëpiploica sinistra, tritt aus der arteria lienealis hervor. Beide Zweige umfassen die grofse Magenkrümmung, und verbreiten ihre zahlreichen Aeste theils in die Magenflächen, theils in das Netz. Der blinde Sack erhält endlich die sogenannten arteriae breves, die aus der linealis hervorkommen. Alle diese Blutgefäfse zerästeln sich in die Substanz des Magens. Der gröfste Theil der Zweige geht in die Zellhaut über, und bildet durch unzählige Anastomosen ein Gefäfsnetz. In der Gefäfshaut zerästeln sie sich in die kleinsten Zweige. Ein anderer und geringerer Theil dient zur Ernährung der Muskelfasern, und der kleinste Theil verliert sich in die äufsere Haut.

Die Venen verfolgen den gleichen Lauf, erhalten die gleichen Namen, und ergiefsen sich alle in die Pfortader.

Die lymphatischen Gefäfse sind in grofser Anzahl vorhanden; sie sind aber dünner und zarter, als am Darmkanale; ihre Drüsen liegen besonders an der kleinen Krümmung des Magens. Sie endigen sich alle in den ductus thoracicus.

Die Nerven entspringen theils aus dem nervus vagus, der sich vorzüglich in den Magen verliert, theils aus dem plexus coeliacus, aus dem viele Aeste hervortreten, welche die plexus gastricae bilden.

§. 13.

Der Darmkanal des Pferdes zerfällt, wie der des Menschen, in den dünnen und dicken Darm; indessen weicht er in Rücksicht der Lage, des Laufes und des Baues, von letzterem beträchtlich ab.

Der dünne Darm entspringt vom Pförtner, und endiget sich am dicken. Seine ganze Länge betrug an dem, von mir zu diesem Behufe untersuchten, Pferde 72 Fuſs [26]). Die Capacität dieses Theils ist verschieden; bald findet man ihn erweitert, bald verengert. Diese verschiedene Weite hängt von der mehr oder weniger starken Zusammenziehungskraft der Muskelhaut ab [27]). Im Allgemeinen ist er aber weiter, als

26) Bei andern fand ich 70 Fuſs bis 74. *Bourgelat* rechnet 18 Pariser Ellen. Bei dem Esel hielt die Ausmessung nur 31 Fuſs, und bei dem Eselfüllen 11 Fuſs. —

27) Auf gleiche Weise zeigte sich mir auch der dünne Darm bei dem Esel. Hier war die Ver-

bei dem Menschen, und die weitesten Stellen hielten im mäſsig aufgeblasenen Zustande 2 Zoll 2 Linien. Er wird von dem dicken so bedeckt, daſs er den unteren Raum des Hinterleibes gegen die Bauchmuskeln hin nicht einnimmt. Seine Windungen laufen ohne bestimmte Ordnung zwischen dem Magen, dem dicken Darm und Becken; daher wird er von mir nicht aufs neue abgetheilt, und ich betrachte ihn als ein Ganzes, nur nehme ich denjenigen Theil aus, den man den Zwölffingerdarm nennt. Dieser hat eine bestimmte Lage, und verdient eine eigene Beschreibung.

§. 14.

Der Zwölffingerdarm [28]) zerfällt in drei Theile, nämlich in einen vorderen und hinteren Queerast, und in einen longitudinellen

engerung an einigen Stellen so stark, daſs der Diameter nur $\frac{1}{2}$ Zoll betrug, obgleich der übrige Darm den gleichen Durchmesser hielt, wie beim Pferde. Bei dem Eselfüllen fand ich die Capacität im Ganzen gleichmäſsig, und sie betrug $\frac{1}{2}$ Zoll. —

28) Nur wenig befriedigend ist die Abbildung in Ruini anatomia del Cavallo. Venet. 1618. Fol. Lib. III. Tab. 3 und 5, wo die Lage dieses Darmstückes vorgestellt wird. Ich habe mich daher bemüht, eine genauere Ansicht von der Lage dieses Theils zu geben, in Tab. II. Fig. 1.

Ast, welche zusammen eine Länge von 4 Fuſs ausmachten. Im aufgeblasenen Zustande geht der vordere Queerast [29]) von dem Magen rechts gegen die Leber. Kaum hat er sich von dem Pförtner entfernt, ſo macht er eine Krümmung [30]), deren Convexität nach hinten sieht, und eine Art Beutel bildet, der denjenigen Raum ausfüllt, den das Zusammentreten des longitudinellen und des Queerastes der Bauchspeicheldrüſe hervorbringt. Im ausgedehnten Zustande hielt dieſer Beutel 3' Zoll im Diameter. Hierauf läuft der vordere Queerast nach auſsen und nach vorne, steht nach hinten mit der Bauchspeicheldrüse in Verbindung, mit der er durch Zellgewebe vereiniget ist, und berührt endlich die hintere Fläche der Leber, macht dann eine Beugung, und geht in die longitudinellen [31]) über. Seine ganze Länge betrug 7 Zoll. Dieser zweite Ast läuft unter der Leber in einer eigenen, für ihn bestimmten Rinne, und gelangt dann unter der rechten Niere gegen das Hüftbein. Nach der linken Seite hin gränzt er an die Bauchspeicheldrüse, mit der er nicht unmittelbar, ſondern durch Hülfe einer Verdoppelung des Bauchfel-

29) Tab. II. Fig. 1. (C) (D).

30) Tab. II. Fig. 1. (D).

31) Tab. II. Fig. 1. (E)

les, die ihn auch zugleich an die Leber anheftet, verbunden wird. Sobald er zum hinteren Theile der rechten Niere gelangt ist, erzeugt er eine Beugung, und geht in den hinteren Queerast [32]) über. Dieser wendet sich nach der linken Seite, und etwas nach vorne, nähert sich dem Magen, und verliert sich endlich in den übrigen dünnen Darm. Sieht man überhaupt auf die Lage des Magens, und den Lauf des Zwölffingerdarmes, so wird man bemerken, daſs beide einen Raum einschlieſsen [33]), der den gröſsten Theil der Bauchspeicheldrüse aufnimmt. Bisweilen indessen ist dieser Raum von den angegebenen Theilen nicht völlig umschlossen.

Auf der innern Fläche des vordern Queerastes öffnen sich der Leberkanal und die pankreatischen Gänge auf folgende Weise. Nämlich ungefähr fünf Zoll von dem Pförtner entfernt, sieht man einen ringförmigen Wulst [34]), welcher ungefähr die Weite eines Zolles hat, und von der Verdoppelung der innern Haut

32) Tab. II. Fig. 1. (F).

33) Tab. II. Fig. 1. (K).

34) Bei dem Esel sah ich an diesem Wulste zwei kleine konische Erhabenheiten, die einander gerade gegenüber standen.

und Zellhaut entstehet. Auf demselben erscheint eine doppelte Oeffnung, die nur durch eine dünne Scheidewand getrennt ist. Die eine macht das Ende des größsern pankreatischen Kanals aus, in die andere öffnet sich der Lebergang. Geht man noch einen bis zwei Zoll abwärts, so findet man einen andern, aber kleinern, und auf gleiche Art gebildeten Wulst, der den kleinern pankreatischen Gang aufnimmt. Endlich erscheinen auf der innern Fläche des vordern Queerastes, vorzüglich in dessen beutelförmiger Krümmung, viele Falten, die aber nicht, wie in dem übrigen Theile des dünnen Darmes, nach der Länge gehen, sondern schlangenförmige Windungen erzeugen, die denen am Gehirn ähnlich sind[35]), zwischen welcher die Schleimdrüsen in grofser Menge angehäuft liegen[36]).

§. 15.

Der dicke Darm wird in drei Theile, in den Blinddarm, den Grimmdarm und Mastdarm abgetheilt. Die ganze Länge aller Theile fand ich 27 Fufs 6 Zoll, wenn die Häute des Darmes unverletzt blieben, nämlich für den Blind-

35) Tab. II. Fig. 2. (E)

36) Tab. II. Fig. 2. (F) Bei dem Esel fand ich diese Drüsen in geringerer Menge, und nicht so deutlich ins Auge fallend.

darm[37]) 3 Fuſs 6 Zoll, für den Grimmdarm 12 Fuſs, und für den Mastdarm auch 12 Fuſs[38]). Wurden aber die Ligamente zerschnitten, die den ganzen Kanal verkürzen, so veränderte sich die Länge, und es enthielt der Blinddarm 6 Fuſs, der Grimmdarm 18 Fuſs, und der Mastdarm 23½ F. Der Umfang dieses Kanals ist sehr groſs, und übertrifft bei weitem den Umfang desselben beim Menschen.

§. 16.

Der Blinddarm bildet einen langen und kegelförmigen Schlauch, der nach geöffnetem Bauche fast in der Mitte desselben zum Vorschein kommt[39]). Er wird zu beiden Seiten von einigen Lagen des Grimmdarms[40]) umfaſst, die von hinten nach vorne gegen das Zwerchfell einen spitzen Winkel machen, und einen fast dreieckigen Raum einschlieſsen, welcher ihn aufnimmt. Sein breitestes Ende, das nach hinten

37) Bei dem ausgewachsenen Esel war die Länge 2 Fuſs 9 Zoll; bei dem Eselfüllen 7 Zoll.

38) Bei dem Esel zeigte sich die Länge des Grimmdarmes 8 Fuſs 3 Zoll; bei dem Eselfüllen 2 Fuſs 5 Zoll. Die Länge des Mastdarms bei ersterem hielt 5 Fuſs 3 Zoll, bei dem letztern 1 Fuſs 6 Zoll.

39) Tab. I. (A)

40) Tab. I. (BD)

hinten gekehrt ist, verläuft sich rechts in einen bogenförmigen blinden Sack, der auf dem rechten Hüftbeine ruht, bedeckt vom Grimmdarm, mit dem er hier durch Zellgewebe vereiniget ist. — In dem vordern und ausgehöhlten Rande dieses Sackes tritt zuerst der dünne Darm in den blinden über, und hängt hier durch ein dreieckiges Band mit der obern Wand des Blinddarmes zusammen. Das Ende des dünnen Darmes wird aber so in die Höhle des blinden hinein getrieben, daſs seine innere Häute in der Höhle der ersten hervorragen; allein es wird keine wahre Grimmdarmsklappe gebildet, wie bei dem Menschen, sondern die rundliche Oeffnung des dünnen Darmes bleibt, und die hervorragende Haut erzeugt viele longitudinelle Falten, die die Stelle einer Klappe zu vertreten scheinen. Neben diesem Eintritt des dünnen Darmes, ungefähr zwei Zoll etwas rechts und nach hinten, kommt der Uebergang des Blinddarmes in den Grimmdarm zum Vorschein.

Von dem rechten Hüftbeine an geht nun der Blinddarm zwischen der ersten und zweiten Lage des Grimmdarmes [41]) nach der Länge der untern Bauchgegend schief geneigt nach der linken Seite, und gegen den schwertförmigen Fortsatz des Brustbeines, und endiget sich,

41) Tab. I. (BD)

ungefähr sechs Zoll von ihm entfernt, mit einer stumpfen Spitze, die aber mit keinem wurmförmigen Anhang versehen ist [42]).

Das vordere Ende des Blinddarmes ist ungefähr in der Länge von zwölf Zoll frey; der übrige Theil aber wird mit dem Grimmdarm durch ein dreieckiges Band befestiget, dessen freier Rand nach vorne hinsieht.

§. 17.

Auf den Blinddarm folgt der Grimmdarm. Sein Anfangstheil ist, wie schon angeführt wurde, durch Zellgewebe mit dem bogenförmigen Sack des Blinddarmes verbunden. Nimmt man dasselbe weg, so trifft man zwischen ihnen einen kleinen Darm an, der beide vereiniget, und durch die Muskelhaut so verengt wird, dafs nach innen einige Falten entstehen, welche Aehnlichkeit mit einer Klappe haben. Dieser kleine Darm entspringt aus der schon erwähnten Stelle des Blinddarmes, geht zuerst in einer Länge von ungefähr drei Zoll nach innen, bildet dann plötzlich einen mehr oder

42) Bei dem Eselfüllen bemerkte ich eine entgegengesetzte Lage des Blinddarmes. Der blinde Sack lag nach vorne, und berührte die Leber und die Bauchspeicheldrüse. Das spitzige Endo lag nach hinten, gegen das rechte Hüftbein.

weniger starken Winkel, und wendet sich rechts und nach aufsen mit einem andern längern, ungefähr sechs Zoll langen Schenkel, welcher sich konisch erweitert, und als der Anfang des Grimmdarmes anzusehen ist[43]).

Von hier an bildet der Grimmdarm in seinem Laufe vier Lagen, die sich auf folgende Weise verhalten. Die erste[44]) liegt rechts gegen den Blinddarm hin, und berührt nach innen diesen Theil; nach oben und aufsen liegt sie in Berührung mit der vierten Lage[45]), nach unten mit den Bauchmuskeln. Sie läuft von hinten nach vorne und innen gegen die Mittellinie des Körpers, und gegen das Zwerchfell, macht hier die erste Beugung, und geht in die zweite Lage[46]) über. Diese lenkt sich vom Zwerchfelle gegen das linke Hüftbein, gränzt nach unten an die Bauchmuskeln, nach

43) Indessen ist der angeführte Lauf dieses kleinen Darmes nicht beständig auf die beschriebene Weise anzutreffen. Bisweilen fand ich beide Schenkel in einer fast geraden Linie zulaufen, ohne einen auffallenden Winkel zu erzeugen; sie erscheinen bald kürzer, bald länger.

44) Tab. I. (B)

45) Tab. I. (C)

46) Tab. I. (D)

oben an die dritte Lage, und nach innen an den Blinddarm. Sie erzeugt an dem Hüftbeine eine zweite Beugung, indem sie nach oben steigt, und in die dritte Lage übergeht. Diese läuft von dem linken Hüftbeine gegen das Zwerchfell zurück, und wird nach unten bedeckt von dem Blinddarme, und der vorigen oder zweiten Lage. Indem sie an das Zwerchfell stöſst, entstehet die dritte Beugung, und die vierte Lage folgt. Sie kehrt an der rechten Seite nach oben über der ersten Lage zum rechten Hüftbeine zurück, und berührt nach unten die Bauchmuskeln und die erste Lage. Endlich wird die vierte und letzte Beugung erzeugt, die von unten nach oben gekehrt, in der rechten Seite nicht weit vom Becken entfernt liegt, und in den Mastdarm übergeht[47]).

47) Bei dem Eselfüllen zeigten sich auch vier Lagen, wie bei dem Pferde; doch nahm ich folgenden Unterschied wahr: sie waren zwar unter sich durch ein Mesocolon befestiget, allein nur der letzte Theil, welcher transversel hinter dem Magen von der rechten Niere zur linken ging, wo er sich an dem Mastdarme verlor, hatte auſser dem Mesocolon noch ein eigenes Band, durch welches er allein mit dem Rückgrat mittelbar zusammenhing, und wodurch die vier Lagen eine gewisse Festigkeit unter sich erhielten. — Ob sich die-

§. 18.

Der Umfang des Grimmdarmes ist in seinem Laufe sehr verschieden. Die erste und zweite Lage hat eine beträchtliche Weite, aber bei der zweiten Beugung wird der Kanal so verengt, dafs die dritte Lage den geringsten Umfang hat. An der dritten Beugung wird er aufs neue weiter, und die vierte Lage ist am weitesten, besonders gegen das Becken hin, wo sie einen grofsen Beutel bildet, der eine konische Gestalt annimmt, indem er in den engern Mastdarm übergeht. An dem ganzen, von Koth mäfsig ausgedehnten dicken Darm, fand ich folgende Weite: nämlich am blinden neun und einen halben Zoll, an der ersten und zweiten Lage des Grimmdarmes neun Zoll, an der dritten an einigen Stellen fünf Zoll, an andern vier bis drei und einen halben Zoll, an der vierten Lage gegen den Mastdarm zehn Zoll [48]).

ser Umstand bei einem erwachsenen Esel auf gleiche Art zeige, lasse ich unentschieden, da ich nicht Gelegenheit hatte, die Eingeweide eines solchen Thieres, so wie sie sich in der Bauchhöhle befanden, zu untersuchen.

48) Bei dem Eselfüllen hielt die Capacität des Blinddarmes im aufgeblasenen Zustande neun Linien, in der ersten und zweiten Lage des Grimmdarmes einen Zoll und sechs Linien, in der dritten sechs Linien, in der vierten da, wo er am weitesten ist, einen Zoll und neun Linien.

§. 19.

Der Mastdarm nimmt unter den Lendenwirbeln seinen Anfang, erzeugt viele schlangenförmige Krümmungen, und endiget sich am After [49]). In Ansehung seines Umfanges ist er viel kleiner, als der Grimmdarm, und der Diameter betrug nur drei und einen halben Zoll [50]). Im leeren Zustande ist er sehr zusammengezogen, kann aber durch den Koth beträchtlich ausgedehnt werden.

§. 20.

Der Bau des Darmkanales stimmt überhaupt mit dem Baue der zweiten Hälfte des Magens, die nicht von der dicken Epidermis überzogen wird, ziemlich überein. Indessen will ich die einzelnen Häute hier anführen, und die vorhandenen Abweichungen näher angeben. Ueberhaupt muſs ich hier anmerken, daſs die Stärke der Wand des dicken Darmes, wie beim Menschen, die des dünnen merklich übertrifft. Dieses rührt daher, daſs theils die verschiedenen

49) Bei dem Eselfüllen nahm er seinen Ursprung an der linken Niere, und lief in einer schlangenförmigen Richtung gegen das rechte Hüftbein. Von dieser Stelle stieg er hinab ins Becken, indem er bei seiner Krümmung die Gestalt eines S annahm. —

50) Bei dem Eselfüllen im aufgeblasenen Zustande neun Linien.

Lagen des Zellgewebes, wodurch die Häute verbunden werden, an Masse stärker sind, theils daſs in dieses Zellgewebe das Fett abgesetzt wird.

§. 21.

Die erste und äuſsere Haut des Darmkanales ist eine Fortsetzung des Bauchfelles, das als Gekröſe zum Darm geht, und diesen Kanal einhüllt. Sie wird gegen die Muskelhaut lockerer, und verwandelt sich in ein dünnes Zellgewebe, das beide vereiniget. Nur ein kleiner Theil des Mastdarmes gegen den After hin, bleibt ohne Ueberzug, und wird bloſs vom Zellgewebe bedeckt.

§. 22.

Unter demselben folgt die zweite oder Muskelhaut, die aus Muskelfasern zusammengesetzt ist. Sie bilden zwei Lagen; die erste und äuſsere besteht aus länglichen, die andere und innere aus kreisförmigen Bündeln. Sie verhalten sich aber am dünnen und dicken Darme auf eine verschiedene Weise. Am dünnen sind beide Lagen gleichförmig ausgebreitet, umfassen alle Punkte des Kanals, und nehmen gegen den Blinddarm an Dicke zu. An dem dicken Darme hingegen zeichnen sich die länglichen Fasern, welche man uneigentlich Bänder nennt, auf eine eigenthümliche Art aus. Sie entspringen an dem zugespitzten Ende des Blinddarmes, und bilden drei Streifen oder Bänder, die in gleichen Zwischenräumen von einander entfernt, parallel neben einander laufen. Am Anfange des Grimmdarms findet man vier Bänder, die auf gleiche Weise, wie die ersteren, fortgehen. Wo die dritte Lage des Grimmdarmes anfängt, hören plötzlich alle Bänder auf, und man sieht von ihnen nicht die geringste Spur. Daher weicht das äufsere Ansehen der dritten Lage von dem der übrigen beträchtlich ab, indem diese letzteren, weil sie von den Bändern stärker zusammengezogen werden, ein beutelförmiges Ansehen erlangen, welches der dritten fehlt, die im Gegentheil eine ebene Oberfläche darbietet. Hinter der dritten Beugung aber entstehen drei neue Bänder, die auf der vierten Lage zum Mastdarme herabgehen, wo das eine aufhört; die übrigen beiden steigen unverändert an den Seiten des Mastdarmes hinab, bis sie gegen den After sich ausbreiten, den ganzen Darm umhüllen, und eine zusammenhängende Muskellage darstellen. Die kreisförmigen Muskelfasern sind an dem ganzen dicken Darm, wie am dünnen, regelmäfsig ausgebreitet.

§. 23.

Gleich unter der Muskelhaut erscheint die Zellhaut, welche gegen erstere hin, wie am Magen, lockerer ist, gegen die Gefäfshaut aber etwas dichter wird. Doch ist überhaupt die lockere Beschaffenheit an dem dünnen Darm geringer, als an dem dicken, daher läſst sich die Gefäſshaut von der Muskelhaut des letzteren leichter, als von den Muskelbündeln des ersteren trennen. In dieser Zellhaut verbreiten sich nun vorzüglich die Gefäſse, welche für den Darm bestimmt sind. Sie zerästeln sich in derselben, anastomosiren unter einander auf unzählige Weise, und endigen sich auf der inneren Fläche des Darmes mit aushauchenden Mündungen. Zwischen der Zellhaut und der Gefäſshaut sind die Schleimdrüsen überall verbreitet, nur findet man sie an einzelnen Stellen zahlreicher. So bemerkt man sie am dünnen Darme nicht so häufig, auſser an dem beutelförmigen Sacke des Zwöſſingerdarmes [51]), und bei dem Uebergange des dünnen Darmes in den dicken [52]). In groſser Anzahl findet man sie dagegen im Blinddarme und Grimmdarm, wo sie zerstreut neben einander liegen, und ihre Mündungen kleine Erhabenheiten an der innern Oberfläche des Darmes bilden. Sie verhalten

51) Tab. II. Fig. 2. (F).

52) Bei dem Eselfüllen lagen diese Drüsen an mehreren Stellen zusammengehäuft, und bildeten, nach der Höhle des Darmes zu, beträchtliche Hervorragungen. Tab. IV. Fig. 6. (a).

sich hier in Ansehung ihrer Lage so, daſs wenn man die Gefäſshaut von der Zellhaut trennt, sie an der äuſsern Fläche der erstern hängen bleiben, und auf der innern Fläche der letztern Gruben zurücklassen. Am Mastdarme sind sie gleichfalls zahlreich, theils finden sie sich zerstreut, theils haben sie, besonders gegen den After, das Eigenthümliche, daſs sie mehr gehäuſt neben einander liegen. Man sieht nämlich, daſs einige Zolle vor dem After die Falten der Haut verschwinden, und eine mehr ebene Fläche gebildet wird. Da, wo die Falten sich endigen, bemerkte ich kleine Beutel, die zusammengehäuſte Schleimdrüsen aufnahmen, welche sich mit mehreren Mündungen öffneten.

§. 24.

Die vierte Membran ist die Gefäſshaut. Sie erzeugt in Verbindung mit der darunter liegenden Zellhaut viele Falten. Im dünnen Darm laufen sie ohne eine bestimmte Ordnung mehr nach der Länge [53]), und ragen nicht stark hervor. In einigen Lagen vom Grimmdarm,

53) Bei dem Esel fand ich wahre connivirende Klappen, ungefähr in dem ersten Drittel des dünnen Darmes, in dem übrigen Theile aber laufen sie, wie beim Pferde, mehr nach der Länge. Auch fand ich sie in dem Eselfüllen nur weniger hervorragend. Tab. IV. Fig. 6. (b)

und im Mastdarme, bilden sie, in der Höhle derselben, zirkelförmige Zellchen, die bei letzterem an Stärke zunehmen, und hier besonders beitragen, die Form des Kothes zu erzeugen. Gegen das Ende des Mastdarmes laufen sie wieder nach der Länge, und hören endlich kurz vor seinem Ausgange auf. Diese Membran zeigt auf der innern Oberfläche eine Menge kleiner Zotten [54]), von borstenförmigem Ansehen. Sie nehmen gegen den dicken Darm an Zahl und Gröfse ab, und scheinen in letzterem nicht vorhanden zu seyn.

Was die Dicke dieser Haut betrifft, so fand ich sie im dünnen Darme dünner, als am Magen, aber dicker, als im dicken Darme. Sie war in letzterem nicht so fest, und zerrifs leichter, als der Theil des dünnen Darmes. Die strahlenförmige Structur sah ich an der Gefäfshaut des dünnen Darmes weniger deutlich, als am Magen, und an dem dicken Darme bemerkte ich sie gar nicht.

Die fünfte und letzte Haut (epidermis) verhält sich wie am letzten Theile des Magens.

54) Bei dem ausgewachsenen Esel bemerkte ich, dafs die Zotten überhaupt länger erschienen; und bei dem Eselfüllen zeigten sie sich verhältnifsmäfsig am längsten. Tab. IV. Fig. 6. (C)

§. 24.

Der Mastdarm endigt sich zuletzt in den After. Er zeigt eine runde Oeffnung, welche an ihrem Umfange eine ringförmige Erhabenheit hat, und wird durch einige Bänder, welche von den ersten Schweifbeinen hinabsteigen, in seiner Lage erhalten. Um ihn laufsen Muskelbündel, welche sich nach oben und unten mit der Haut verbinden, die Oeffnung verschliefsen, und einen eigenen Sphincter erzeugen. Gleichfalls besitzt er zwei Paar Muskeln, die sein Zurückziehen und Erheben bewirken.

§. 25.

Die Verdoppelung des Bauchfelles, welche sich zu den Gedärmen begiebt, die Lage derselben sichert, und Gefäfse hinleitet, führt im Allgemeinen den Namen des Gekröses, das aber wieder verschiedene Benennungen erhält, in wiefern es zu diesem oder jenem Theile des Darmes hingeht. Am dünnen Darme wird es Mesenterium, am dicken Mesocolon, am Mastdarme Mesorectum genannt. Diese Verdoppelung nimmt ihren Ursprung von den Lendenwirbeln, und tritt mit zwei Lamellen gegen den Darmkanal. Beide Blätter werden durch Zellgewebe vereinigt, lassen die Gefäfse und Nerven zwischen sich, gehen gegen den Darm, entfernen sich daselbst von einander, umfassen ihn, und bilden seine äufsere Haut. Man findet insgemein zwischen den Blättern einiges Fett.

Die Pulsadern, welche in diese Verdopplung laufen, entspringen aus der Aorta. Man findet zwei derselben, die für den Darmkanal bestimmt sind. Die erste führt den Namen die vordere Gekröspulsader (arteria mesenterica anterior). Sie entspringt aus der Aorta, nahe bei den Nierenschlagadern, und ist an ihrem Ursprunge beträchtlich weit. Sie schickt zuerst eine Menge dünner Zweige zum dünnen Darme, die gröfsern und ansehnlichern aber gehen zum dicken. Alle diese Aeste laufen gerade zum Darm hin, spalten sich, umschlingen ihn, und zerästeln sich in die Zellhaut, von welcher sie in die Gefäfshaut übergehen. Nur ein Zweig anastomosirt mit dem ersten Aste aus der folgenden Arterie. Diese, die hintere Gekröspulsader (arteria mesenterica posterior) genannt, entspringt aus der Aorta, kurz vorher, ehe sie sich in die Beckenpulsader theilt. Sie ist kleiner, als die vorige, und spaltet sich in mehrere Zweige, die theils den dicken Darm mit Blut versorgen, theils den Mastdarm in seinem Laufe begleiten.

Die Blutadern liegen neben den Pulsadern, und haben dieselben Zerästelungen. Ihre Zweige treten, so wie sie sich vom Darme entfernen, allmälich zusammen, und bilden gröſsere Stämme, die sich endlich in einen einzigen Stamm verlieren, der als der Anfang der Pfortader anzusehen ist, welche sich gegen die Leber begiebt.

Die Nerven entspringen vorzüglich von den vordern und hintern Gekrösgeflechten, dem Magengeflechte, und von einem Geflechte im Becken. Sie begleiten die Blutgefäſse, und endigen sich an demjenigen Theile des Darmes, wohin das Gefäſs läuft.

Die Gekrösdrüsen sind in dem Gekröse allenthalben verbreitet, und nicht, wie bei dem Hunde und mehreren andern Thieren, auf einer Stelle angehäuft. Es stehen diese Theile in Ansehung ihrer Gröſse mit der Gröſse des Pferdes in keinem Verhältnisse. Im mesenterio sind sie kleiner, im mesocolon gröſser, im mesorecto findet man sie gar nicht. Durch sie gehen die Milchgefäſse, die ihren Ursprung auf der innern Oberfläche der Gefäſshaut nehmen. Sie sind dünn und fein, gehen durch die Drüsen hindurch, welche zunächst am Darmkanale liegen, werden alsdann dicker, und endigen sich in den Milchbrustgang (ductus thoracicus).

§. 26.

Eine gleiche Verdoppelung des Bauchfelles ist das Netz. Die Lage desselben weicht von der bei dem Menschen und mehrern andern Thieren völlig ab. Es ist weder unter den Gedärmen ausgebreitet, noch kommt es bei der Eröffnung des Bauches gleich zum Vorschein. Vielmehr liegt es zwischen dem Magen, dem dünnen und dicken Darme verborgen, und erscheint wie zusammengewickelt. Es hängt von der grofsen Krümmung des Magens vom blinden Sacke desselben bis zum Pförtner fest, erstreckt sich rechts bis zum Zwölffingerdarme, ferner gegen die Bauchspeicheldrüse, und links zur Milz; geht zum Grimmdarm, und verbindet sich da mit ihm. Endlich hängt es mit dem Theile der Hohlader zusammen, der längs der Leber läuft.

Das Netz ist von dünner Beschaffenheit, und enthält gemeiniglich Fett, obgleich weniger, als bei mehreren anderen Thieren. — Es besteht aus zwei Lamellen, die vom Magen kommen, und durch ein feines Zellgewebe vereiniget werden. Es erhält seine Gefäfse aus den arteriis und venis gastroëpiploicis [55]).

55) Bei dem Eselfüllen hatte das Netz eine starke rothe Farbe wegen der vielen Blutgefäfse, die vom

§. 27.

Die Leber liegt vorzüglich in dem rechten Hypochondrium der Bauchhöhle, und erstreckt sich bis in die Herzgrube, und nach dem linken Hypochondrium, das sie jedoch nicht völlig einnimmt. Nach vorne gränzt sie an das Zwerchfell, nach hinten an den Magen und die Gedärme; an der rechten Seite erstreckt sie sich bis zur Niere hin. Nach oben berührt sie die Wirbelsäule, die grofsen Blutgefäfse und die Speiseröhre, nach unten den Grimmdarm.

Ihr Umfang betrug in diesem, von mir untersuchten, Pferde fünf Fufs, und das Gewicht neun drei Viertel Pfund [56]), obgleich ich sie bei einigen nur sieben bis acht Pfund schwer gefunden habe.

Sie zeigt eine schwarzbraune Farbe, die etwas ins Blaue spielt, wenn sie noch mit dem Bauch-

Blute sehr stark ausgedehnt waren. Es war ganz fettlos, und hatte eine gleiche Lage, wie bei dem Pferde.

56) Bei dem Esel sieben und ein halb Pfund, bei dem Eselfüllen sechs und ein halb Loth, indem das Gewicht des ganzen Füllens nur achtzehn Pfund betrug.

Bauchfelle überzogen ist. Diese schwarzbraune Farbe, und auch ihr verhältnissmässig schweres Gewicht rührt wahrscheinlich von der grossen Menge venösen Blutes her, das in sie einströmt. Es verändert sich daher die schwarzbraune Farbe durch das öftere Ausspülen, und geht in eine graue über, so wie sie auch das Gewicht verliert.

§. 28.

Es hängt dieses Eingeweide durch drei eigene Bänder, nämlich zwei Seitenbänder und ein sichelförmiges Band, die nachher genau angeführt werden sollen, mit dem Zwerchfelle zusammen.

§. 29.

Die Leber zerfällt in drei Lappen, nämlich in einen rechten, linken und mittleren.

Der rechte Lappen [57]) ist der gröfste, und hat beinahe eine dreieckige Gestalt. Sein innerer Rand geht fast in gerader Richtung

57) Tab. II. Fig. 3. (A).

nach unten hinab, berührt den mittleren Lappen, und ist der längste. Der obere und äufsere Rand erscheint am kürzesten, geht schief nach aufsen und abwärts, wo er durch ein Seitenband, das eine dreieckige Gestalt hat, und vom Bauchfelle entsteht, mit dem Zwerchfelle vereiniget wird. Nach oben erzeugt er eine Vertiefung [58]), die dazu bestimmt ist, einen Theil der rechten Niere aufzunehmen. Der untere und äufsere Rand ist der schärfste, und läuft schief nach innen und unten.

Der ganze Lappen bildet drei Winkel. An dem oberen tritt die Hohlader [59]) in die Lebersubstanz, der untere ist mehr stumpf, und der äufsere, an den sich das angegebene Seitenband anlegt, spitz.

Die Länge dieses Lappens betrug vom oberen bis zum unteren Winkel einen Fufs und drei Zoll; die Breite vom inneren Rande bis zum äufseren Winkel zehn und einen halben Zoll; die gröfste Dicke drei Zoll.

Seine vordere Fläche ist convex, und berührt das Zwerchfell; die hintere ist etwas ausgehöhlt,

58) Tab. II. Fig. 3. (B).

59) Tab. II. Fig. 3. (C).

und steht mit dem Grimmdarme und dem Zwölffingerdarme in Berührung.

An letzterer Fläche erscheint ein Läppchen [60]), das eine pyramidalische Gestalt hat, durch ein Seitenligament unterstützt wird, und dazu dient, theils mit dem oberen und äufseren Rande die erwähnte Grube zur Aufnahme der rechten Niere zu bilden, theils mit dem rechten Lappen eine Rinne zusammen zu setzen, um den longitudinellen Ast des Zwölffingerdarmes aufzunehmen.

Die Länge des Läppchens betrug drei Zoll, und die gröfste Breite einen und einen halben Zoll.

Der linke Lappen [61]) hat eine beinahe halbmondförmige Gestalt. Sein convexer, ziemlich scharfer und längster Rand geht nach aufsen, und wird mit dem Zwerchfelle durch ein gleiches Seitenband, wie schon oben bemerkt ist, vereiniget. Der ausgehöhlte Rand liegt nach innen, und gränzt an den mittleren Lappen. Seine vordere und convexe Fläche sieht nach dem Zwerchfelle hin, die hintere und ausgehöhlte berührt den Magen.

60) Tab. II, Fig. 3. (D).

61) Tab. II, Fig. 3. (F).

Seine Länge betrug einen Fuſs und vier Zoll, die Breite neun Zoll, die gröſste Dicke zwei Zoll.

Der mittlere Lappen [62]) hat eine unregelmäſsige Gestalt, ist der kleinste, und steigt nicht so weit hinab [63]). Er zerfällt in mehrere kleine und ungleiche Theile, von denen ich an diesem Pferde fünf, bei andern aber nur drei bis vier fand.

Seine vordere und erhabene Fläche wird durch ein sichelförmiges Band mit dem Zwerchfelle verbunden. Dieses entsteht von einer Falte des Bauchfelles, welche am Nabel ihren Ursprung nimmt, über die convexe Fläche des Lappens läuft, und am Zwerchfelle sich endiget.

Die Länge des mittleren Lappens betrug acht Zoll, die Breite neun und einen halben Zoll, die Dicke einen und drei viertel Zoll.

62) Tab. II. Fig. 3. (G).

63) Bei dem Esel und Eselfüllen lag er dagegen nach unten in gerader Linie mit den beiden übrigen Lappen, und hatte fast die gleiche Gröſse, als der linke. Bei dem Esel war er in vier kleinere Lappen: und bei dem Eselfüllen in drei abgetheilet. —

§. 30.

Nach oben fliefsen alle drei Lappen in ein Stück [64]) zusammen, das zwei Flächen hat, von denen die eine nach vorne, die andere nach hinten liegt. Beide sind durch einen ausgehöhlten und scharfen Rand, der gegen die Wirbelsäule gekehrt ist, von einander getrennt. In ihm sieht man eine Rinne, die zur Aufnahme der Speiseröhre bestimmt ist.

Die vordere Fläche dieses Stücks stöfst an das Zwerchfell, und auf ihr erblickt man eine längliche Erhabenheit, die daher entsteht, dafs von dem oberen Winkel des rechten Lappens die Hohlader in die Lebersubstanz eindringt, und von dieser völlig umschlossen wird. Denn diese Vene geht von dem angegebenen Winkel schief nach unten, und nach der linken Seite hinab, und tritt an dem oberen Theile des mittleren Lappens aus der Substanz wieder hervor. Hier hängt auch die Leber einige Zoll breit genau mit dem Zwerchfell zusammen, und zwar wird sie mit demselben nicht durch das Bauchfell, weil dieses hier fehlt, sondern durch

64) Tab. II. Fig. 3. (H).

eigene weiſse Fäden vereiniget, die in ihre Substanz tief eindringen.

Die hintere Fläche desselben zeigt in der Mitte eine Queerfurche[65]), die als die Pforte anzusehen ist. In derselben erblickt man viele Oeffnungen, von denen mehrere die Aeste der Pfortader, andere die Aeste der Leberschlagader hindurchgehen lassen, so wie durch andere die Aeste des Leberganges hervortreten.

Das ganze Bündel von Leber-Gefäſsen ist mit einem Zellgewebe umgeben, das den Namen: *Glissons* Kapsel führt.

§. 31.

Die äuſsere Haut der Leber ist eine Fortsetzung des Bauchfelles, das vom Zwerchfelle hinabsteigt, und die Substanz einhüllt. Nimmt man sie weg, so findet man eine dünne Lage von Zellgewebe, das nach äuſsen sich mit der äuſsern Haut der Leber vereinigt, nach innen aber in die Substanz seine Fortsätze sendet.

65) Tab. II. Fig. 3. (I)

Aufserdem besteht die Lebersubstanz aus kleinen, drüsigen Körpern oder Knötchen (acini Malpighi), die neben einander gelagert sind. Wahrscheinlich sind diese Theile aus feinen Gefäfsen, die durch ein zartes Zellgewebe unter sich verbunden werden, zusammengesetzt. Vorzüglich erscheint das körnige Ansehen, wenn man die Substanz zerreifst.

§. 32.

Die Leber besitzt mancherlei Gefäfse, welche zu verschiedenen Verrichtungen bestimmt sind, daher man sie bequem in vier Klassen abtheilen kann. Die erste begreift diejenigen in sich, die das Blut zur Leber führen, die zweite diejenigen, welche die abgesonderte Galle aufnehmen, und sie dem Zwölffingerdarme überliefern, die dritte führt das zurückgebliebene Blut in die Hohlader über, die vierte endlich nimmt durch Absorbtion Feuchtigkeiten aus der Leber auf.

I. Zu der ersten Klasse gehören die Pfortader und die Leberschlagader.

1) Das Pfortadersystem entspringt aus den kleinen Haargefäfsen der Venen des Ma-

gens, der Gedärme, der Milz, der Bauchspeicheldrüse und des Netzes; kurz alle Venen, die aus den Organen hervorgehen, welche zur Verdauung gehören, geben die ersten und feinsten Zweige in der gröſsten Anzahl. Diese treten allmählich in einander über, bilden gröſsere und ansehnlichere Aeste, und an der Stelle, wo die Bauchspeicheldrüse sich dem Zwölffingerdarme nähert, vereinigen sich die Zweige in einen gemeinschaftlichen Stamm, der nun den Namen der Pfortader führt.

Diese liegt auf der Bauchspeicheldrüse zwischen Leber, Magen und Zwölffingerdarm, läuft schief vorwärts nach der rechten Seite in einer Länge von vier bis fünf Zollen gegen die Leber, tritt hier durch die Pforte in die Lebersubstanz, und theilt sich in zwei Hauptgefäſse, von denen das eine in den rechten Lappen übergeht, das andere durch die Pforte läuft, einige Aeste nach dem mittlern sendet, und sich in dem linken endiget.

Diese Aeste verbreiten ihre Zweige durch die ganze Masse der Leber, und endigen sich wahrscheinlich zuletzt in die angeführten körnigen Knoten, als Haargefäſse.

Das Pfortader-System ist von dem übrigen Blutader-System völlig unabhängig. Es hat fast die gleiche Structur, wie die Venen, nur fehlen die Klappen, die wegen seines kurzen Laufs wohl nicht nothwendig waren.

2) Die Leberschlagader entspringt aus der Bauchpulsader, und geht schief nach der rechten Seite zur Leber. Nachdem sie die arteria pylorica und gastroëpiploica dextra abgegeben hat, tritt sie neben der Pfortader in die Pforte, zerästelt sich in die Lebersubstanz, und ihre Zweige theilen sich immer mehr, je näher sie den Flächen der Leber kommen, und endigen sich daselbst mit vielen Haargefäfsen. Wahrscheinlich senden sie auch in ihrem Laufe viele Zweige in die drüsigen Knötchen, die theils die Pfortader in der Absonderung der Galle unterstützen (denn es ist wohl noch nicht ganz entschieden, dafs diese Feuchtigkeit von der Pfortader allein abgesondert werde), theils in die Venen übergehen.

II. Die zweite Klasse umfafst die Gallengefäfse, welche die Galle aufnehmen und ausführen. Sie entspringen in den kleinen Knötchen wahrscheinlich aus den Haargefäfsen der Pfortader und der Leberschlagader, laufen venenartig zusammen, und bilden gröfsere

Zweige, die dickere Häute, als die sie begleitenden Schlagaderäste besitzen. Endlich treten alle Zweige in einzelne Aeste zusammen, und vereinigen sich zuletzt in der Pforte in zwei Kanäle, welche den gemeinschaftlichen Gang bilden, der den Namen des Leberganges (ductus hepaticus) führt. — Seine Weite betrug im ausgeleerten Zustande einen halben Zoll, im aufgeblasenen einen Zoll.

Er tritt aus der Pforte unter der Pfortader hervor, und nach einem Laufe von drei Zoll kommt er zum Zwölffingerdarm, dessen Häute er ungefähr fünf Zoll hinter dem Pförtner plötzlich durchbohrt, ohne, wie bei dem Menschen und mehrern andern Thieren, zwischen den Häuten des Darmes schräg durchzugehen. Hier gränzt er an den gröſsern Gang der Bauchspeicheldrüse, und öffnet sich auf der innern Oberfläche des Zwölffingerdarmes, auf die schon oben beschriebene Weise.

Dieser Gang darf nicht, wie bei den Menschen, ductus Cholodochus genannt werden, denn er wird nicht aus dem Leber- und Gallenblasengange gemeinschaftlich gebildet, sondern ist, da bei dem Pferde die Gallenblase fehlt, einfach, und muſs bloſs als ein Lebergallengang angesehen werden.

III. Die dritte Klasse von Gefäſsen führt den Rest des Blutes in die Hohlader zurück. Diese sind die Lebervenen. Sie nehmen auch wahrscheinlich ihren Ursprung aus den kleinen Knötchen mit den feinsten Zweigen, und empfangen daselbst das zur Absonderung der Galle und zur Ernährung der Lebersubstanz nicht mehr taugliche Blut. Sie laufen in gröſsere Zweige zusammen, die endlich vier bis fünf starke Aeste bilden, welche sich da in die Hohlader endigen, wo letztere auf die oben beschriebene Weise in die Lebersubstanz ausgeht.

IV. Die vierte und letzte Klasse umfaſst die einsaugenden Gefäſse. Sie erscheinen sehr deutlich, sowohl auf der Oberfläche, als in der Tiefe der Leber [66]). Man muſs vermuthen, daſs sie bei der Absonderung der Galle eine wichtige Rolle spielen, was auch *Mascagni* und *Cruikshank* behaupten. Vorzüglich sammeln sie sich in der Pforte, und gehen zum Milchbrustgang (ductus thoracicus).

66) Bei mehrern Hunden, die ich bei andern Gelegenheiten lebendig öffnete, sah ich sie besonders auf der hintern Fläche der Leber sehr deutlich.

§. 33.

Die Nerven, die für die Leber bestimmt sind, bilden ein Geflecht, das von den Aesten des nervi vagi, und des plexus coeliaci entsteht. Sie treten in die Pforte, umgeben dort die Gefäfse, und verlieren sich in die Lebersubstanz.

Sieht man auf den Umfang, die Gröfse und Schwere der Leber, so wird man finden, dafs dieses Eingeweide verhältnifsmäfsig weniger Nerven erhalte, als andere, um vieles kleinere Organe.

§. 34.

Die Milz liegt in dem linken Hypochondrium. Ihre Gestalt ist fast sichelförmig. Das breite Ende ist aufwärts nach hinten gekehrt, und befindet sich in der Nachbarschaft der Niere, das spitze Ende geht nach unten und vorne herab, und stöfst an den Magen; der concave Rand liegt nach vorne und oben, der convexe nach hinten und unten.

Die Lage der Milz richtet sich jedoch überhaupt nach der gröfsern oder geringern Anfüllung des Magens.

§. 35.

Die Milz hat zwei Flächen. Die äufsere ist erhaben, glatt, und sieht nach den Rippen hin; die innere und ausgeschweifte ist gegen den Magen gekehrt, unebener und bildet gegen den obern Rand eine Vertiefung, welche viele Löcher zeigt, durch welche die Gefäfse in die Milz ein- und ausdringen.

Die Länge dieses Eingeweides ist sehr verschieden. In diesem von mir untersuchten Pferde betrug sie einen Fufs und neun und einen halben Zoll, die gröfste Breite neun Zoll, die Dicke am mittleren Theile ein und ein viertel Zoll, und das Gewicht zwei und drei viertel Pfund [67]).

§. 36.

Die Milz erhält einen einfachen Ueberzug, der von dem Bauchfelle entsteht, welches das Eingeweide einhüllt, zum Magen geht, und sich in das Netz verliert. Unter dieser Umkleidung liegt, wie bei der Leber, ein Zellgewebe, das

67) Bei dem Esel funfzehn Loth, bei dem Füllen vier und ein halb Loth.

auf gleiche Weise in die Substanz eindringt. Uebrigens hat die Milz eine zellartige Bildung, und viel Uebereinstimmendes mit den fachigen Körpern des männlichen Gliedes. Es ist mit einer beträchtlichen Menge von Blutgefäfsen durchwebt.

Wegen des Blutes, das in so grofser Quantität aus den arteriösen Gefäfsen in die venösen übergeführet wird, erhält das Parenchyma wahrscheinlich die dunkle und schwärzlichbraune Farbe, die vorzüglich in der Substanz auffällt. Die äufsere Fläche der Milz hingegen zeigt mehr eine bläulich-graue Farbe, die mit dem Alter zunimmt [68]). Unterwirft man die Milz

68) Bei dem erwachsenen Esel war die Farbe mehr dunkelbau, bei dem Füllen fiel sie mehr ins Braune. Das Parenchyma zeigte sich beim Esel, wie im Pferde. Bei dem Füllen hingegen bestand es aufser den Gefäfsen und dem Zellgewebe aus einer Menge weifser, kugelförmiger Bläschen (Tab. IV. Fig. 5.), die eine klare, weifsliche Feuchtigkeit enthielten, und die Gröfse eines Nadelknopfes hatten. Sie liefsen sich leicht von dem übrigen Parenchyma lostrennen. Es frägt sich, ob diese Bläschen einer gesunden oder kranken Milz angehören? Letzteres scheint mir indessen nicht ganz einleuchtend zu seyn, indem die Farbe dieses Eingeweides natürlich erschien, die äufsere Fläche glatt und eben war, und die

der Einwässerung, so gewinnt auch die innere Substanz eine beinahe ähnliche bläulich-graue Ansicht.

§. 37.

Die Milzgefäfse zeichnen sich durch ihre Gröfse aus. Ihre Schlagader entspringt unmittelbar von der grofsen Schlagader (arteria aorta).

Die Milzblutader kommt von der Substanz dieses Eingeweides, und endiget sich in die Pfortader.

Bläschen selbst gleichförmig durch die ganze Masse ausgebreitet lagen, welches in einem kränklichen Zustande, z. B. bei den Hydatiden, wohl nicht der Fall ist. Auch spricht gegen eine kränkliche Beschaffenheit das Alter, indem das Füllen, welches ich untersuchte, nur erst neun Monate getragen war.

Ich habe diese Erscheinung meinem verehrungswürdigen Lehrer, dem Herrn Hofrath *Blumenbach*, gezeigt, dem sie gleichfalls fremde war.

Mehrmals habe ich am Netze kleine Nebenmilze gefunden, und noch jetzt habe ich eine Milz vor mir, zu der fünf kleine gehören, von der Gröfse einer Erbse, bis zu der einer Nufs.

Die Nerven bilden das Milzgeflecht, das aus Fäden des Bauchgeflechtes zusammengesetzt wird, die Blutgefäſse begleitet, und sich in die Substanz verliert.

Die absorbirenden Gefäſse, die man beim Pferde, gleich nach dem Tode, an diesem Theile sehr deutlich wahrnimmt, und die in groſser Anzahl vorhanden sind, verlieren sich in den Milchbehälter (ductus thoracicus).

§. 38.

Die Bauchspeicheldrüse (Pancreas [70]) ist eine unpaare Drüse von röthlich- gelblich-weiſser Farbe, an der man eine körnige Structur bemerkt. Sie nimmt den vorderen Theil desjenigen Raumes ein, der von dem Zwölffingerdarme und dem Magen umschlossen wird. Nach vorne berührt sie den Magen und den vorderen Queerast des Zwölffingerdarmes, nach hinten beide Nieren, nach der rechten Seite den longitudinellen Ast des Zwöffingerdarmes, und nach der linken Seite die Milz.

70) Tab. II. Fig. 1. (H G).

Milz. Nach unten stöſst sie an den Grimmdarm, nach oben an die Hohlader, Pfortader und die Aorta, mit denen sie durch Zellgewebe genau verbunden ist.

Es besteht die Bauchspeicheldrüse aus einem longitudinellen und einem Queeraste.

Der Queerast [71]) läuft von der linken nach der rechten Seite, stöſst links an die Milz und an das vordere Ende der linken Niere, und läuft gegen das longitudinelle Stück des Zwölffingerdarmes, wo er in den andern Ast übergeht. Seine Länge betrug vierzehn und einen halben Zoll, die Breite am mittleren Theile zwei und einen halben Zoll, die gröſste Dicke einen Zoll.

Er hat zwei Ränder. Der vordere ist convex, und zeigt in der Mitte eine Erhabenheit, die nach der rechten Seite in eine ausgehöhlte Fläche übergeht, welche den Sack des Zwölffingerdarmes aufnimmt. Links hingegen verläuft sich der Rand scharf, und verbindet sich mit dem Magengrunde. Der hintere Rand ist ausgeschweift.

71) Tab. II. Fig. 1. (G).

Beide Ränder verlieren sich links in eine Spitze, die mit der Milz zusammenhängt.

Der longitudinelle Ast [72]) läuft von vorne nach hinten, und richtet sich nach dem Laufe des longitudinellen Astes des Zwölffingerdarmes. Der gröſste Theil desselben gränzt vorwärts an die Leber und Pfortader, mit welchen er verbunden ist; der übrige geht nach hinten an die rechte Niere, wo er zugleich einen Bogen bildet.

Seine Länge betrug einen Fuſs zwei Zoll. Die gröſste Breite drei Zoll, die Dicke drei viertel Zoll.

Er hat eine beinahe halbmondförmige Gestalt, so daſs der erhabene Rand gegen den longitudinellen Ast des Zwölffingerdarmes gekehrt und mit diesem Theile durch das oben bei der Leber erwähnte Band verbunden, der ausgeschweifte aber gegen den Queerast der Bauchspeicheldrüse gerichtet ist. Das vordere Ende verbindet sich genau mit dem vorderen Queeraste des Zwölffingerdarmes, indem des

72) Tab. II. Fig. 1. (H).

Gang der Bauchspeicheldrüse den Darm hier durchbohrt; das hintere Ende liegt gegen die rechte Niere.

§. 39.

Die Substanz der Bauchspeicheldrüse ist von derselben Beschaffenheit, wie bei den andern Speichelabsondernden Organen. Sie besteht nemlich aus mehreren isolirten Läppchen, die in kleinere und einfachere Theile oder Drüsen zerfallen, welche durch Zellgewebe vereiniget sind. Aus diesen Läppchen treten kleine Gänge hervor, die in zwei beträchtlichere übergehen, nemlich in einen grofsen und einen kleinen.

Der gröfsere Gang der Bauchspeicheldrüse entsteht aus einem doppelten Kanal, wovon der eine aus dem Queeraste, der andere aus dem vorderen Theile des longitudinellen herkommt. Beide vereinigen sich in der Mitte des longitudinellen Astes, und erzeugen nun den gröfseren Gang. Dieser nähert sich dem Zwölffingerdarme, stöfst an den Lebergang, und endiget sich in der für ihn bestimmten, und bei der Beschreibung des Zwölffingerdarmes schon angegebenen Oeffnung.

Der kleinere Gang der Bauchspeicheldrüse durchläuft den hinteren Theil des longitudinellen Astes, ist kurz, und endiget sich durch eine eigene, schon beschriebene Mündung im Zwölffingerdarme.

Die Bauchspeicheldrüse empfängt ihre Schlagadern aus den Arterien der Leber und Milz. Sie kriechen zuerst zwischen den Lappen im Zellgewebe fort, zerästeln sich dann gegen die kleinen Lappen, und dringen zuletzt in die Körner oder Drüsen ein.

Die Venen gehen in die Pfortader über.

Die Nerven entspringen vorzüglich aus dem plexus coeliacus, und begleiten die Gefäſse bis in die kleinsten Theile dieses Eingeweides [73]).

Das Gewicht des ganzen Eingeweides betrug zwanzig Unzen.

73) Bei dem Eselfüllen hatte die Bauchspeicheldrüse ungefähr dieselbe Gestalt, wie beim Pferde. Sie ruhete auf dem letzten Theile des Grimmdarmes, der queer hinter dem Magen liegt. Die Farbe derselben war gelblich, stark ins Rothe übergehend, wegen der vielen Blutgefäſse, mit denen sie durchwebt war.

Zweiter Abschnitt.

Der vielfache Magen des Rindviehes.

§. 1.

Die Speiseröhre läuft beim Rindvieh wie beim Pferde, und den andern nachher zu beschreibenden Säugethieren, zwischen der Luftröhre und der Wirbelsäule herab, endiget sich aber bei dem ersten am Magen auf eine eigenthümliche Weise, die nachher beschrieben werden soll. Ihre Länge betrug drei Fuſs sechs Zoll, die Weite zwei Zoll drei Linien. Ihre Muskelhaut ist sehr stark, und bildet eine doppelte Lage Fasern, die gewunden herablaufen, und sich allenthalben durchkreuzen [1]). Unter derselben liegt die Zellhaut und Gefäſshaut, worauf die innere folgt, welche glatt und sehnig erscheint. Die letzteren erzeugen, wie beim Pferde, viele Runzeln, weil sie weiter, als die Muskelhaut sind.

§. 2.

Der vielfache Magen [2]) der wiederkäuenden Thiere weicht in Ansehung seines Baues und seiner Geschäfte von dem der übrigen pflanzenfressenden Thiere auf mannigfaltige Weise ab, weswegen er hier eine eigene Beschreibung verdient. Er zerfällt in vier Abtheilungen.

§. 3.

Die erste Abtheilung [3]), der Panzen, ist im erwachsenen Zustande des Thie-

1) *Peyeri* Merycologia icon. 12.

2) Eine allgemeine Ansicht des vielfachen Magens hat gegeben *Peyer* l. c. icon. I. *Camper* Lessen over de thans zweevende Veesterfte Leeuwarden 1769. 8. Fig. 1, und die Lage im Schaafe. *Daubenton* Tom. IV. Tab. 3. T. V. Tab. 15-18.

3) *Vink* Lessen over de herkauwing der Runderen, Rotterd. 1770. 8. Fig. 1. 2. (A. B. C. H. D.) *Camper* l. c. Fig. 1. (A. B. C. D.) *Daubenton* Tom. IV. Tab. 15-17. Fig. 1. (A).

res von allen der gröfste. Seine Länge betrug bei dem von mir untersuchten Ochsen von mittelmäfsiger Gröfse, drei Fufs, seine Breite zwei Fufs. Im neugebornen Kalbe ist er klein [4]), und wird nur durch die Anhäufung der Speisen allmählig ausgedehnt. Im unangefüllten Zustande liegt er mehr nach der rechten Seite [5], im ausgedehnten aber erstreckt er sich auch nach der linken Seite, und zum vordern Ende der Blase. Nach vorne hängt er mit dem Zwerchfell, nach hinten mit der Milz, der linken Niere und der Bauchspeicheldrüse durch Bänder zusammen.

Seine Gestalt erscheint unregelmäfsig, indem er nach oben und unten platt, in seinem Umfange mehr rundlich ist, und nach hinten in zwei Fortsätze ausläuft, die durch einen tiefen Einschnitt von einander abgesondert werden. Nach vorne verliert er sich in einen andern Fortsatz, den man den Hals nennt, der gleichfalls durch einen Einschnitt von dem übrigen Theile abgeschieden wird.

4) *Daubenton* T. IV. Tab. 15. Fig. 2. hat eine Abbildung des Magens vom Kalbe gegeben, wo die vierte Abtheilung des Magens die erste an Gröfse übertrifft.

5) *Daubenton* l. c. Tab. 3. (B).

Oeffnet man den Panzen, so findet man in der Mitte eine grofse Höhle und drei andere Nebenhöhlen, deren Oeffnungen in die grofse übergehen. Die mittlere und hintere dieser Nebenhöhlen steht blofs mit der grofsen in Verbindung, die vordere aber aufserdem auch mit der Speiseröhre. Der Nutzen derselben scheint darin zu bestehen, dafs sie das Futter aufbewahren, zum Wiederkäuen geschickter machen, und verhindern, dafs es nicht zu schnell in die zweite Abtheilung (die Haube) übergeht.

Die Einschnitte, welche äufserlich die Höhlen des Panzen von einander absondern, sind mit Fett angefüllt; nach innen erzeugen sie Falten [6]), die dicker sind, als die eigentliche Wand, weil sie durch eine Verdoppelung derselben hervorgebracht werden.

Der Panzen wird aus fünf Häuten zusammengesetzt. Die erste und äufsere entspringt vom Bauchfelle, ist dünn, und durch Zellgewebe mit der folgenden vereiniget. — Die zweite ist eine Muskelhaut [7]), die aus zwei

6) *Vink* l. c. Fig. 3. *Daubenton* T. IV, Tab. 16. Fig. 1. 2.

7) *Peyer* l. c. icon. 2. 3.

Faserlagen besteht. Die erste und äufsere Lage hat längliche Fasern, die von der Speiseröhre herkommen, und die Wände des Panzen bis zu seinen Fortsätzen allenthalben bedecken. Sie dringen in die Einschnitte nicht tief ein, sondern laufen flach über sie fort, und bilden eine Brücke, unter welcher die Gefäfse sich über die Substanz des Panzen verbreiten. Die zweite und innere Lage befindet sich unter der ersten, besteht aus kreisförmigen und schiefen Fasern, die mit denen der Speiseröhre nicht zusammen zu hängen, sondern für sich zu bestehen scheinen. Sie durchkreuzen sich auf mannigfaltige Weise, und dringen in die Einschnitte so tief ein, dafs sie gleichsam in diese zusammenfliefsen. Durch sie werden die äufseren Einschnitte, und die ihnen entgegengesetzten inneren Falten erzeugt. Die äufsere Muskellage kann den Panzen verkürzen, die innere ihn aber verengen. — Unter der Muskelhaut folgt die Zellhaut, Gefäfshaut und Epidermis.

An der innern Oberfläche des Panzen bemerkt man eine sehr grofse Menge kurzer Fortsätze [8]), die härtlich sind, und nach innen

8) *Peyer* icon. 4.

hervorragend erscheinen. Sie haben Aehnlichkeit mit Warzen oder mit Schuppen, besonders an den innern Erhabenheiten, sind in Bündel gesammelt, und berühren sich unter einander. Mehrere laufen nach der Länge des Panzen herab, andere bilden rhomboidalische Figuren, und stehen nicht so stark hervor.

Diese Magenfläche ist beständig feucht, und scheint die thierische Empfindlichkeit in geringerem Grade zu besitzen [9]).

Die vordere Oeffnung des Panzen (Cardia) befindet sich nach vorne in der vorderen Nebenhöhle, wo man weder Falten, noch Klappen bemerkt, die den Rücktritt des Futters in die Speiseröhre verhindern könnten, im Gegentheile erscheint hier die innere Haut der Speiseröhre glatt, bis sie in den Panzen verlängert wird, und dann die vielen Zapfen auf derselben zum Vorschein kommen. Nach oben ist die Magen-

9) Dieses scheint daraus zu erhellen, daſs man in der Höhle des Panzen oft mancherlei Concremente findet, die bald aus verschluckten Haaren, bald aus Pflanzenfasern, bald aus Feuchtigkeiten gebildet sind, die bei einem fehlerhaften Zustande des Magens abgesondert erhärten. — Siehe *I. Hunter* on the blood p. 139.

öffnung mit einem Bündel starker Muskelfasern umgeben.

§. 4.

Die zweite Abtheilung [10]), die Haube, liegt mehr nach der linken Seite zwischen dem Panzen und dem tendinösen Theil des Zwerchfelles [11]). Man kann sie gleichsam für einen Anhang des Panzen halten, da ihre Höhle nur durch eine geringe Verengerung von der des ersteren getrennt ist. Ihre Länge betrug einen Fuſs acht Zoll, die Breite zwölf Zoll.

Die innere Haut der Haube [12]) zeichnet sich besonders sehr merklich von der des Panzen aus. Indem sie nemlich aus der letzteren in die erstere übertritt, zeigt sie zuerst noch die glei-

10) *Vink* l. c. Fig. 1. 2. (E). *Camper* l. c. Fig. 1. (A. E. F.) *Daubenton* Tom. XIV. Tab. 15-17. Fig. 1. (C).

11) *Daubenton* Tom. V. Tab. 3. (C).

12) *Vink* Fig. 3. (d).

che Beschaffenheit, bald aber verändert sie sich, und bildet sechseckige Zellen[13]), deren Wände gestreift und auf ihrem freyen Rande gezackt erscheinen. In einer jeden Zelle zeigen sich andere und niedrige Scheidewände, welche die Zelle selbst aufs neue in vier bis fünf kleinere Zellchen abtheilen, und diese sind mit vielen kurzen und sehr feinen Wärzchen besetzt [14]).

§. 5.

Die Endigung der Speiseröhre sieht man da, wo die schon beschriebenen zwei ersten Abtheilungen mit der dritten zusammenstoſsen. Doch scheint die Speiseröhre sich nicht eigentlich in den

13) *Vink* Fig. 4. *Peyer* icon. 6. *Daubenton* T. XIV. Tab. 17. Fig. 2. 3.

14) In diesem Magen findet man gleichfalls fremde Körper, besonders Nadeln, die sich lange daselbst aufhalten können. Ich fand selbst in diesem Magen an dreiſsig Nadeln, von denen eine jede mit einer steinernen Rinde überdeckt war. Ein Beweis, daſs sie an diesem Orte sich lange aufgehalten haben.

Panzen, sondern mehr in die Haube zu endigen. An dem Eingange derselben hebt sich ihre innere Haut auf, und bildet einen doppelt erhabenen Rand [15]), der Aehnlichkeit mit den Lippen des menschlichen Mundes hat. Diese Ränder fassen einen Halbkanal [16]) zwischen sich, der aus der Fortsetzung des unteren Theiles der Speiseröhre besteht. Er läuft vorzüglich an der vorderen Wand der Haube, in einer Länge von ungefähr acht Zoll, gegen die dritte Abtheilung, wo er sich in einen engen Gang [17]) verwandelt, der die vordere Oeffnung des Psalters genannt wird. Der obere Theil [18]) dieser Oeffnung ist viel dicker, als der untere, indem der doppelte Rand sich hier vereint, und in die Höhle der dritten Abtheilung hervorragt, um den Rücktritt des Futters zu verhüten. Der untere Theil hingegen ist dünner, und die Ver-

15) *Vink* Fig. 4. (B).

16) *Vink* Fig. 4. (d). *Camper* Fig. 5. (B C). *Perrault* essais de physique Tm. III. tb. 13. Fig. 2. (C). *Daubenton* Tm. IV. tb. 17. Fig. 2. (C D).

17) *Vink* Fig. 4. (h).

18) *Vink* Fig. 4. (G).

längerung des Halbkanals selbst, welcher da aufhört, wo die Blätter des Psalters ihren Anfang nehmen.

Die innere Fläche des Halbkanals ist glatt, und mit der inneren Haut der Speiseröhre und des Panzen überzogen, auf der man hin und wieder kleine zerstreute Erhabenheiten und längliche Streifen erblickt. Nimmt man die Gefäſshaut und Epidermis weg, so findet man eine doppelte Lage von Muskelfasern. Die eine enthält Fasern, die nach der Länge laufen, von der Speiseröhre ihren Ursprung zu nehmen scheinen, und auf beiden Lefzen bis zur Oeffnung der dritten Abtheilung so herablaufen. Die andere Lage der Muskelfasern läuft queer, wird von der Muskelhaut des Panzen und der Haube bedeckt, und ist mit ihr verbunden. Wenn diese Muskellagen würken, so bringen sie die Ränder näher an einander, und verwandeln den offenen Halbkanal in einen völlig verschlossenen Gang [19]), der das Futter in die dritte Abtheilung leitet, es aber vom ersten und zweiten abhält.

§. 6.

Die dritte Abtheilung [20]), der Psalter, ist von allen der kleinste. Er liegt

19) *Camper* Fig. 6. (G).

20) *Vink*, Fig. 2. (G). *Camper* Fig. 1. (F. L. M. G.) *Daubenton*, Tm. IV. tb. 15—17. Fig. 1. (D).

rechts neben dem Panzen, und hinter der Leber und der Haube. Sein Durchmesser betrug zwölf Zoll. Auf der rechten Seite verbindet er sich nach vorne mit der Haube, nach hinten mit der vierten Abtheilung. Seine äufsere Haut kommt vom Bauchfelle her. Die Muskelhaut ist dünn und zeigt zwei Lagen, wovon die äufsere längliche Fasern hat, die von der vordern nach der hintern Oeffnung des Psalters herablaufen, die innere hingegen beschreibt Zirkelbogen, und ihre Fasern durchschneiden die erstern unter einem rechten Winkel. Auf die Muskelhaut folgt vermuthlich eine gleiche Zellhaut, Gefäfshaut und Epidermis. Diese bilden eine Menge halbmondförmiger Blätter[21]. Der convexe Rand derselben hängt mit der Wand des Psalters zusammen, der concave ragt frey in die Höhle desselben hervor. Alle Blätter entstehen von seiner vordern Oeffnung, laufen nach der Länge herab, und endigen sich an seiner hintern Oeffnung. Auf den Flächen und Rändern dieser Falten sieht man gröfsere und kleinere warzenförmige Erhabenheiten. Man zählt ungefähr hundert gröfsere und kleinere Falten, die so geordnet sind, dafs zwei gröfsere eben so viel kleine in sich fassen. Auf der untern und innern Seite der vordern

21) *Vink* Fig. 5. (X). *Daubenton* Tm. IV. tb. 18.

Oeffnung des Psalters erblickt man keilförmige Warzen, durch deren Lage das Zurücktreten des Futters in die Haube verhindert zu werden scheint. Die hintere Oeffnung ist viel weiter, als die vordere, und läſst das Futter leicht in die vierte Abtheilung übertreten. Um aber die Rückkehr desselben aus der vierten in die dritte Abtheilung zu verhüten, liegen daselbst zwei Falten [22]), die als Klappen dienen.

§. 7.

Die vierte Abtheilung [23]), der Rohm, empfängt das Futter vom Psalter, und führt es in den Zwölffingerdarm über. Er entspringt links vom Psalter, und hat seine Lage zwischen diesem und dem Panzen [24]), nach hinten berührt er die rechte Seite desselben. Seine Länge betrug zwei Fuſs und fünf Zoll, die Breite acht Zoll. Er erscheint als ein birnförmiger Sack, der nach vorne von gröſserem Umfange ist, nach hinten aber schmäler wird, und vom Zwölffingerdarme durch eine Klappe sichtbar abgeschieden ist.

Die äuſsere Haut erhält er vom Bauchfelle. Die Muskelhaut besitzt gleichfalls zwei

22) *Daubenton* Tm. IV. tb. 18. (C).

23) *Vink* F. 1. 2. (F). *Camper* Fig. 1. (G. H. I). *Daubenton* Tm. 4. tb. 15. 17 Fig. 1. (E).

24) *Daubenton* Tm. V. tb. 3. (F).

zwei Lagen. Die äufsere besteht aus länglichen, die innere aus transversellen Fasern, welche die erstern queer durchschneiden, sich am Pförtner anhäufen, und eine Art Schliefsmuskel erzeugen. Endlich bringen die Zellhaut und die Gefäfshaut ungefähr zwanzig weiche Falten hervor, die nach der Länge abwärts laufen, und gegen den Pförtner hin allmählig verschwinden. Wo der Rohm in den Zwölffingerdarm übergeht, wird von den innern Häuten die angeführte Klappe gebildet, und hier bemerkt man einige Drüsen, die eine weifse und durchsichtige Feuchtigkeit absondern.

Dritter Abschnitt.

Die Verdauungswerkzeuge des Hundes [1]).

§. 1.

Die Speiseröhre läuft über der Luftröhre, und unter den Hals- und Rücken-

1) Ob ich gleich für meinen Zweck mehrere Hunde zergliederte, so habe ich doch die folgende allgemeine Beschreibung von einem magern Schäferhunde entlehnt. Die Länge desselben betrug vom After bis zur Nase zwei Fuſs fünf Zoll, vom After bis zum Schultergelenke einen Fuſs acht Zoll, die Höhe einen Fuſs drei Zoll, das Gewicht zwölf Pfund.

wirbeln genau mit der Aorta verbunden herab, geht durch die für sie bestimmte Oeffnung des Zwerchfelles in die Bauchhöhle, und endiget sich neben der neunten oder zehnten Rippe schief in den Magen.

Ihre Länge betrug einen Fuſs, der Durchmesser im aufgeblasenen Zustande einen halben Zoll.

§. 2.

Die Muskelhaut der Speiseröhre ist stark, besitzt viele Zusammenziehungskraft, und ihre Fasern laufen theils gerade, theils gewunden herab.

Seine Verbindung mit der folgenden oder Zellhaut zeigt sich inniger, als beim Pferde, und die Epidermis erscheint gleichfalls weiſslich, und nimmt beim Eintauchen in kochendes Wasser die nemliche auffallend weiſse Farbe an. Allein sie ist viel dünner, und nie konnte ich deutlich eine blättrige Beschaffenheit entdecken. Auch verliert sich die weiſse Farbe beim Eintritt in den Magen.

Zwischen der Zellhaut und Gefäſshaut erblickt man eine Menge Schleimdrüsen, die sich mit bloſsen Augen bemerken lassen, und sichtbarer sind, als beim Pferde.

Uebrigens erzeugen die Häute, welche von der Muskelhaut bedeckt werden, wie beim Pferde, longitudinelle Falten.

§. 3.

Nach geöffnetem Bauche fällt zuerst das Netz ins Auge. Es steigt von der grofsen Krümmung des Magens nach unten und hinten gegen das kleine Becken herab, schlägt sich dann aufwärts, und läuft in entgegengesetzter Richtung wieder nach vorne, wo es sich mit der Milz, der Bauchspeicheldrüse und dem Pförtner vereinigt. Es bedeckt den ganzen Darmkanal.

Das Netz besteht aus einer doppelten Lage, von denen eine jede aus zwei Lamellen gebildet ist, so dafs das Ganze eigentlich aus vier Lamellen zusammengesetzt wird. Die beiden Lagen sind nicht mit einander verbunden, allein die Lamellen einer jeden hängen durch Zellstoff zusammen. Die beiden letztern Lamellen geben der Bauchspeicheldrüse einen Ueberzug, und gehen dann in das ligamentum gastrolienale über. Ueberhaupt ist das Netz dünn, durchsichtig, und enthält Blutgefäfse und Fett.

§. 4.

Der Magen [a]) liegt hinter dem Zwerchfelle und der Leber, gegen die linke Seite, und in einer länglichen Richtung, so daſs die Cardia nach vorne, der Pförtner aber mehr nach hinten gekehrt ist. Seine groſse Krümmung liegt links und nach hinten, die kleinere rechts und nach vorne, der blinde Sack links und vorwärts, der Pförtner rechts und nach hinten. Die Flächen verhalten sich so, daſs die eine mehr nach oben, die andere mehr nach unten gekehrt ist. Indessen hängt die Lage des Magens, wie bei den andern Thieren, von der stärkern oder geringern Anfüllung ab.

Wo die Cardia anfängt, bemerkt man zuerst nichts von der kleinen Krümmung, und dieser Rand scheint nicht ausgeschweift. Gegen den mittlern Theil des Magens aber bildet er eine ansehnliche Vertiefung, und die kleine Krümmung wird nun sehr bemerklich. Deswegen hat der Magen beim Hunde eine eigenthümliche Gestalt. Nemlich von der Cardia an bis zu dem Puncte, wo die kleine Krümmung am tiefsten eindringt, erscheint der Magen, wenn er aufgeblasen ist, beinahe kugelför-

a) Tab. III. Fig. 1. (A)

mig [3]). Von dieser Stelle an nimmt er auf einmal beträchtlich ab, verschmälert sich gegen den Pförtner, und bekömmt eine darmähnliche Figur [4]).

Die Länge des Magens an der grofsen Krümmung betrug im aufgeblasenen Zustande von der Cardia bis zum Pförtner einen Fufs und acht Zoll, die Länge der kleinen Krümmung sieben Zoll, der Durchmesser von einer Wand zur andern vier und einen halben Zoll, von der kleinen zur grofsen Krümmung fünf und einen halben Zoll. War der Magen zusammengefallen, so betrug die Länge der grofsen Krümmung sieben Zoll, der kleinen vier Zoll und acht Linien. Der ganze Umfang des Magens betrug im ausgedehnten Zustande zwei Fufs und fünf und einen halben Zoll. An Wasser nahm er vier und ein halb Pfund auf.

§. 5.

Die Windungen des dünnen Darmes nehmen in der Bauchhöhle den Raum zwischen dem Magen und dem Becken ein. Sie liegen nach unten, vom Netze eingehüllt, und

3) Tab. III. Fig. 3. (A)

4) Tab. III. Fig. 3. (B)

bedecken den dicken Darm so, daſs man bei Eröffnung des Bauches von letzterm nichts gewahr wird.

Die Länge des dünnen Darmes ist verschieden. Gleich nach dem Tode betrug sie fünf Fuſs und sechs Zoll, und nach einigen Stunden sechs Fuſs und sechs Zoll. Im ersten Falle waren noch thierische Wärme und Reizbarkeit vorhanden, und wegen letzterer verkürzte die hinzutretende Luft durch ihren Reiz den Kanal. So wie sie aber erlosch, verlängerte sich der Darm.

Ist noch Wärme da, so ist der Darm wegen der Zusammenziehungskraft der Muskelfasern härtlicher anzufühlen, und behält beim Durchschneiden seine Höhlung, die gleich nach dem Tode sieben und eine halbe Linie in der Weite betrug.

§. 6.

Der dünne Darm wird durch ein fettes Gekröse in seiner Lage erhalten, in dessen mittlern Theil gegen die Wirbelsäule die Gekrösdrüsen, welche im Menschen und mehreren andern Thieren allenthalben zerstreut sind, angehäuft werden, und einen Theil bilden, der vom *Asellius* uneigentlich den Namen pancreas erhalten hat.

§. 7.

Der erste Theil des dünnen Darmes bildet eine Art von Zwölffingerdarm, dessen Lauf folgender ist. So wie er den Pförtner verläfst, wendet er sich nach der rechten Seite, und erzeugt den vordern Queerast [5]), dessen Länge einen Zoll betrug. Dieser berührt nach vorne die Leber, mit der er durch eine Falte des Netzes vereiniget ist, aber nur an der Stelle, wo er vom Pförtner abgeht. Hierauf macht der Darm eine Beugung, und der longitudinelle Ast [6]) fängt an. Er liegt an der rechten Seite, geht nach hinten unter der rechten Niere zum Becken, und gränzt an Leber, Niere und Psoas, verbindet sich aber nicht mit diesen Theilen. Er erzeugt im Laufe einen Bogen, dessen Erhabenheit nach aufsen gekehrt ist. Nun fängt der hintere Queerast an [7]), der unter der Wirbelsäule, und über den übrigen dünnen Darm nach der linken Seite gegen den Magen, und den innern Rand der linken Niere so läuft, dafs er nicht ganz transversell, sondern

5) Tab. III. Fig. 1. (B)

6) Tab. III. Fig. 1. (C)

7) Tab. III. Fig. 1. (D)

schief nach vorne geht. Hier bildet er eine neue Beugung [8]), die durch das Mesocolon von der linken Niere abgesondert ist, und läuft bedeckt vom dicken Darme in einer Krümmung, die der Anfangstheil des Grimmdarmes hervorbringt, von oben nach unten [9]) in den übrigen dünnen Darm über.

Durch diesen Lauf des Zwölffingerdarmes wird ein Raum eingeschlossen [10]), der die Bauchspeicheldrüse, den Blinddarm, den Queerast des Grimmdarmes, den letzten Theil des dünnen Darmes, und das sogenannte Pancreas Asellii umfaſst.

Auf der innern Oberfläche des herabsteigenden Astes des Zwölffindarmes findet man zwei Oeffnungen, die ein bis zwei Zoll von einander entfernt sind; die eine, näher gegen

8) Indessen habe ich bei andern, und vorzüglich groſsen Hunden, diese Beugung nicht gefunden, sondern der Zwölffingerdarm lief neben der rechten Seite des Grimmdarmes frei nach vorne, und ich sah seinen Lauf ohne Unterbrechung. Tab. III. Fig. 2. (C)

9) Tab. III. Fig. 1. (E)

10) Tab. III. Fig. 1. (O)

den Pförtner hin, nimmt den ductus choledochus, die andere den Bauchspeicheldrüsen-Gang auf.

§. 8.

Auf der rechten Seite tritt der dünne Darm [11]) in den dicken [12]) über. Von diesem Verbindungsorte geht ein kleiner Fortsatz ab [13]), der von einigen für den Blinddarm, von andern für den Wurmfortsatz gehalten wird. Ersteren glaube ich deswegen beipflichten zu müssen, weil der Fortsatz, wenn er der wurmförmige wäre, zu dick erscheint, und was ich immer beobachtet habe, stets Koth enthält; indem dieses doch bei dem Wurmfortsatze nie der Fall ist.

Dieser Blinddarm [14]) hatte bei einer natürlichen Ausdehnung von Koth zwei Zoll

11) Tab. III. Fig. 1. (F)

12) Tab. III. Fig. 1. (H)

13) Tab. III. Fig. 1. (G)

14) *Blasius* Zootomia. Amstelod. 1677. 8. p. 199. Fig. 8. hält diesen Fortsatz auch für den Blinddarm. In einigen Affenarten sieht man einen ähnlichen Fortsatz. *Daubenton* Tm. XV. tb. 6. Fig. 2 (E) tab. 9. Fig. 1. tab. 15. Fig. 1.

Länge, und vier Linien Weite [15]). Wo sich der dünne Darm in den dicken endiget, liegt sein offenes Ende. Von dieser Stelle an geht er etwas zugespitzt zum dünnen zurück, auf dem er liegt, und macht eine Beugung in Gestalt eines römischen S [16]).

Er besitzt ein kleines Netz, wodurch er mit dem dünnen Darm in Verbindung steht.

Wo letzterer in den dicken übergeht, sieht man eine ringförmige Erhabenheit, auf deren innern Oberfläche längliche Falten hervorstehen, welche die Stelle einer Klappe einzunehmen scheinen.

15) Den Blinddarm fand ich beim saugenden Hunde beträchtlich weit, beinahe von demselben Umfange, wie den dünnen Darm, und letztern beim Eintritt in den dicken am weitesten.

16) Tab. III. Fig. 1. (G.) Bei mehrern Hunden habe ich die angezeigte Lage des Blinddarmes gefunden; bisweilen aber sah ich doch, dafs er in der Mitte eine Beugung machte, und die verschlossene Spitze nach vorne zu liegen kam. — In einem andern Falle lag der Blinddarm nicht auf dem dünnen, sondern auf dem dicken Darm, (Tab. III. Fig. 2. (E)), wo er auf gleiche Weise eine Beugung machte. Tab. III. Fig. 2. (D)

§. 9.

Der dicke Darm gränzt nach oben an die Wirbelsäule, nach unten wird er vom dünnen Darm bedeckt. Er ist überhaupt kurz, und nicht viel weiter, als der dünne [17]. Bisweilen kann, wie ich es einmal zu sehen Gelegenheit hatte, der Anfang in der Länge eines Zolles etwas enger seyn, gemeiniglich aber ist der Umfang desselben sogleich etwas weiter, als am dünnen, und betrug bei diesem Hunde ungefähr zehn und eine halbe Linie.

Gleich nach dem Tode betrug die Länge des dritten Darmes acht Zoll, nach erloschener Wärme eilf Zoll.

Von seinem Ursprunge an [18]) geht er insgemein zuerst hinter dem vordern Queeraste des Zwölffingerdarmes und dem Magen, queer von der rechten nach der linken Seite, und macht eine Beugung, deren Wölbung nach vorne gekehrt ist, und die in einem Raume liegt, der von der grofsen Krümmung des Ma-

17) Bei jungen, noch saugenden Hunden fand ich den dicken Darm beständig sehr verengt, nur gegen den Mastdarm hin erweiterte er sich etwas, und bekam denselben Umfang, als der dünne Darm.

18) Tab. III. Fig. 1. (H)

gens und einem Theile des Zwölffingerdarmes zusammengesetzt wird [19]). Gegen die linke Niere macht er eine neue Beugung, deren Erhabenheit links gekehrt ist, läuft dann auf der linken Seite der Wirbelsäule herab, nähert sich derselben gegen das Becken, und bildet in diesem Laufe ein römisches S.

Ehe der dicke Darm ins Becken tritt, entsteht an ihm, nach der rechten Seite zu, ein kleiner (Einschnitt [20]), wodurch man auf gewisse Weise den Grimmdarm vom Mastdarme unterscheiden kann, den ich indessen bei einigen Hunden nur sehr unmerklich fand. Zuletzt läuft der Mastdarm [21]) über der Blase unter dem heiligen Beine, und bei der Hündin auch über den innern Geschlechtstheilen zum After.

19) Ich sah aber bei einem andern Hunde einen von dem vorigen abweichenden Anfang. Er entstand auf der rechten Seite der Wirbelsäule, da wo der Zwölffingerdarm aufhörte, neben dessen letzterm Theil er herabstieg, denselben Lauf, wie der Zwölffingerdarm, nur in entgegengesetzter Richtung gegen den Magen, nahm, und so fortrückte, wie ich schon angegeben habe. Tab. III. Fig. 2. (E)

20) Tab. III. Fig. 1. (I)

21) Tab. III. Fig. 1. (K)

§. 10.

Der Bau des Magens und des Darmkanales erscheint auf folgende Weise. Sie werden im Allgemeinen, wie beim Pferde, aus fünf Häuten zusammengesetzt.

Die äufsere Haut ist eine Fortsetzung des Bauchfelles, und läfst besonders am Magen die darunter liegende Muskelhaut durchscheinen. Diese verhält sich am Magen so, dafs sie an dem kugelförmigen Theile schwächer ist, an dem schmalen hingegen stärker wird, weswegen auch letzterer einer stärkern Verengerung fähig ist. Vergleicht man ihre Dicke mit der Muskelhaut am Magen des Pferdes, so wird man finden, dafs erstere der letztern bei weitem nachstehen müsse.

Die Muskelfibern des Magens erscheinen theils als längliche, welche Fortsetzungen der longitudinellen Fasern der Speiseröhre sind, theils als kreisförmige und schräge, die sich durchkreutzen.

Die Muskelhaut des Darmkanals ist dagegen beim Hunde überhaupt sehr stark, und verhältnifsmäfsig stärker, als beim Pferde. Die Zirkelfasern erscheinen am dünnen Darm am stärksten, am dicken hingegen die longitudinellen, die letztern gleichmäfsig umgeben, und keine Bänder bilden, daher auch dieser Darm nicht beutelförmig erscheint.

Da, wo der dicke Darm entsteht, sind die longitudinellen Muskelfasern schwächer, je mehr sie sich aber dem Mastdarme nähern, um desto stärker werden sie.

Am Ende des letztern bilden sie einen eigenen Aufheber (levator), indem sie sich gegen das heilige Bein ansammeln, und auf beiden Seiten ein Muskelbündel erzeugen, das nicht weit vom Ausgange des Mastdarmes in einer Muskel zusammenfliefst, und sich mit dem Sphincter des Afters vereiniget.

§. 11.

Unter der Muskelhaut liegt die Zellhaut. Sie ist ebenfalls verhältnifsmäfsig stärker, als beim Pferde. Am Magen ist sie besonders mit grofsen Blutgefäfsen durchflochten. Am Darme stellt sich eine weifsliche, etwas ins blaue spielende, deutlich gebildete Membran dar, die hier vorzüglich viel stärker, als beim Pferde, ins Auge fällt. An ihrer äufsern Oberfläche zeigt sich besonders am Darme wenigeres, aber festeres Zellgewebe, als beim Pferde, daher auch die Verbindung zwischen Muskel- und Zellhaut bei ersterem viel inniger erscheint.

§. 12.

Es folgt unter der Zellhaut die Gefäfshaut. Sie hat, wie am Pferde, eine dünne zellulöse Membran zur Grundlage, an deren innern Fläche die vermuthlichen Gefäfse strahlenförmig neben einander hervortreten, und in die Höhle des Darmes hervorragen. Diesen Bau sieht man deutlicher am Anfange des dünnen Darmes.

Die Verbindung der Gefäfshaut nach aufsen mit der Zellhaut geschieht gröfstentheils durch Gefäfse, die sich wie beim Pferde verhalten, der zwischenliegende Zellstoff aber wird dem blofsen Auge kaum sichtbar. Hingegen erblickt man auf der äufsern Fläche dieser Membran sowohl am Magen, als dem dicken Darm eine beträchtliche Lage Schleimdrüsen [22]), durch welche die Verbindung zwischen Zellhaut und Gefäfshaut unterstützt wird.

Am Darmkanale und besonders am Anfange des dünnen Darmes, hat die Gefäfshaut verhältnifsmäfsig eine weit beträchtlichere Dicke, als beim Pferde. Sie ist an letzterer Stelle

22) Daher behauptet wahrscheinlich *Blasius*, l. c. p. 196., die innere Haut bestehe aus angehäuften Drüsen.

überhaupt am dicksten, dünner am Magen, am dünnsten am dicken Darme.

Auf der innern Fläche der Gefäfshaut hängen die Zotten länger herab, als beim Pferde, die ich auch einigemal strotzend und angeschwollen fand. Gegen den dicken Darm nehmen sie an Gröfse beträchtlich ab. Am Magen und dem dicken Darme scheinen sie gar nicht vorhanden zu seyn. Dagegen sah ich hier deutlich, dafs die ganze innere Oberfläche mit unzähligen kleinen und rundlichen Erhabenheiten übersäet war.

Behandelt man die Gefäfshaut der Därme durch Einwässerung, oder taucht sie in kochendes Wasser, so nimmt sie sogleich eine weifse Farbe an, schrumpft aber bei letzterer Behandlung nicht so stark zusammen, wie die Muskel- und Zellhaut. Am Magen hingegen bemerkte ich, dafs die Gefäfshaut beim Eintauchen in kochendes Wasser, wie beim Pferde eine bräunliche Farbe annahm.

§. 13.

Die innere Fläche der Gefäfshaut wird endlich durch eine feine Epidermis, welche die fünfte und letzte Haut ausmacht, bedeckt.

§. 14.

Die Muskelhaut treibt die darunter liegenden andern Häute tiefer in die Höhle des Darmes hinein, und erzeugt dadurch Falten, die sich auf verschiedene Weise verhalten. Am Magen erscheinen sie gegen das blinde Ende des Sackes hin am schwächsten, gegen die grofse Krümmung laufen sie mehr nach der Länge; übrigens bilden sie schlangenförmige Windungen, die sich besonders in dem darmähnlichen Theile des Magens auszeichnen, beim Übergange in den Zwölffingerdarm aber aufhören.

Im dünnen Darm entstehen zirkelförmige Falten, die Ähnlichkeit mit connivirenden Klappen haben, welche den Vertiefungen entsprechen, die auf der äufsern Oberfläche des Darmes in die Augen fallen, wodurch der ganze Darm ein Ansehen erhält, als wäre er aus Ringen zusammengesetzt. Diese Klappen verschwinden, so wie die Wärme entweicht[24]).

Am dicken Darm dagegen bilden die Häute nach innen stark hervorragende und geschlängelte Queerfalten, die sich gegen

24) Deswegen läugnet wahrscheinlich *Blasius* l. c. p. 199. das Daseyn der Falten.

den After hin in longitudinelle, weniger starke verlaufen. Wahrscheinlich wird durch erstere beim Hunde die Ausleerung des Kothes erschwert.

§. 15.

Am After endlich findet man zwei kleine ovale Taschen [25]), ungefähr von der Grösse einer Haselnuss, deren Nutzen, so viel ich weiss, bis jetzt noch nicht völlig bekannt ist. Sie sondern im gesunden Zustande eine widerlich riechende Feuchtigkeit ab.

§. 16.

Die Leber liegt grösstentheils rechts zwischen Zwerchfell und Magen. Letztern bedeckt sie im leeren Zustande desselben bis auf einen kleinen Theil nach der linken Seite hin.

Sie besitzt theils ein sichelförmiges Band, das indessen nach unten nicht weit herabläuft, theils Seitenbänder, die zwar klein, aber doch sichtbar sind, obgleich einige Schriftsteller ihr Daseyn geläugnet haben.

Die vordere Fläche dieses Eingeweides ist

25) *Daubenton* Tm. V. tb. 48. Fig. 2. (AB).

überhaupt gewölbt, die hintere ausgehöhlt, und die Farbe braunroth[26]).

Sie wog in dem von mir zu diesem Behuf untersuchten Hunde zehn und eine halbe Unze.

§. 17.

Die Leber wird aus sieben[27]) Lappen von verschiedener Gestalt und Gröfse zusammengesetzt.

Der erste und linke Lappen[28]) ist halbmondförmig. Sein äufserer und erhabener Rand ist gemeiniglich gezackt, der innere ausgeschweift und mit einem ziemlich tiefen Einschnitt versehen. Die Spitze neigt sich nach unten, und hat zwei bis drei Einschnitte. Die vordere sehr erhabene Fläche gränzt an das Zwerchfell, und rechts an den zweiten Lappen. Nach oben und aufsen hat sie ein kleines, dreieckiges Seitenband, einen halben Zoll lang, wodurch der Lappen mit dem Zwerchfelle verbunden wird. Die hintere Flä-

26) Bei jungen, noch saugenden Hunden bemerkte ich, dafs, wenn sie in kaltem Wasser einige Stunden gelegen hatte, sie dann eine weifsliche Farbe annahm.

27) Bisweilen aus sechs. *Peyer* observat. anatom. p. 68.

28) Tab. VI. Fig. 3. (E).

che stöfst auf den Magen, und nach oben an den Spigelischen Lappen. Seine Länge war vier Zoll, die Breite drei Zoll, die Dicke einen Zoll.

Der zweite Lappen [29]) ist dreieckig mit nach unten gekehrter Spitze. Die vordere Fläche sieht nach dem Zwerchfelle, und die Seitenflächen nach hinten, so dafs die linke und gröfste einen kleinen Theil der vordern Fläche des erstens Lappens bedeckt, die rechte aber bisweilen gegen den hintern Rand eingeschnitten erscheint, und den dritten Lappen berührt. An dem hintern Rande findet man nach oben zuweilen einen warzenförmigen Fortsatz.

Der ganze Lappen ist zwischen dem ersten und dritten eingeschoben. Die Länge desselben betrug drei Zoll, die Breite zwei Zoll, die Dicke einen halben Zoll.

Der dritte Lappen [30]) ist keilförmig, hat eine Seitenfläche, die den zweiten Lappen berührt, und ist mit einem doppelten Einschnitte versehen, davon der eine sich nach oben befindet, und nach der Länge geht, der

29) Tab. VI. Fig. 3. (F).

30) Tab. VI. Fig. 3. (G).

andere nach unten, und in die Queere läuft. Auf der andern Seitenfläche sieht man eine Vertiefung, die zur Aufnahme eines Theiles der Gallenblase bestimmt ist. Die vordere und kleinste Fläche gränzt ans Zwerchfell.

Die Länge des Lappens betrug drei Zoll, die Breite einen halben Zoll, die Dicke acht Linien.

Der vierte Lappen [31]) ist dreieckig. Die vordere Fläche berührt das Zwerchfell, die hintere linke ist sehr ausgehöhlt, und nimmt den andern Theil der Gallenblase auf. Die hintere rechte sieht nach oben, und stöfst an die vordere Fläche des fünften Lappens. Die Seitenränder zeigen öfters tiefe Einschnitte.

Seine Länge war vier Zoll, die Breite zwei Zoll, die Dicke einen Zoll.

Der fünfte Lappen [32]) hat eine vordere, sehr gewölbte Fläche, die aufs Zwerchfell stöfst, und eine hintere ausgehöhlte, welche beinahe die vordere Fläche des folgenden Lappens bedeckt. Nach oben und aufsen erscheint an dieser Fläche das andere dreieckige Sei-

31) Tab. VI. Fig. 3. (H).

32) Tab. VI. Fig. 3. (I).

tenband, ungefähr einen halben Zoll lang, wodurch es mit dem Zwerchfelle verbunden wird.

Seine Länge betrug zwei Zoll, die Breite zwei Zoll, die Dicke einen halben Zoll.

Der sechste Lappen [33]) ist dreieckig. Nur ein kleiner Theil der vordern Fläche berührt nach unten das Zwerchfell, der übrige wird vom vorigen bedeckt. Die linke Fläche ist die gröſste, und die rechte zeigt eine Höhle, welche das vordere Ende der rechten Niere aufnimmt. In derselben liegt ein Band, wodurch beide Theile mit einander vereiniget werden. Der rechte Seitenrand ist aufwärts gelehnt, und sehr gespalten. Der linke ist scharf, concav, und hat einen tieferen oder flacheren Einschnitt. Ueber ihn tritt die Hohlader in die Leber, und wird zum Theil von ihrer Substanz umfaſst.

Die Länge dieses Lappens war drei Zoll, die Breite zwei Zoll, die Dicke drei Linien.

Der siebente und letzte Lappen [34]) kann den Namen des Spigelischen führen. Er gränzt an den ersten Lappen, und erstreckt sich in die kleine Krümmung des Magens. Er ist bei-

33) Tab. VI. Fig. 3. (K).

34) Tab. VI. Fig. 3. (L).

nahe dreieckig. Seine vordere Fläche berührt die hintere des ersten Lappens, die Seitenflächen sind nach hinten gewendet. Auf dem hintern Rande ist ein starker Einschnitt, aus dem ein warzenförmiger Fortsatz hervorgeht. Ueber ihm tritt die Hohlader wieder aus der Leber heraus.

§. 18.

Die Leberpforte [35]) bildet einen Raum, der durch das Zusammentreten aller Lappen an der hintern Fläche dieses Eingeweides erzeugt wird, und folgende Theile in sich faſst.

I. Der gemeinschaftliche Gallengang [36]) (ductus choledochus) ist der erste Kanal, welcher in der Pforte am meisten nach der linken Seite und nach unten liegt. Er entsteht theils aus den Gallengängen der Leber, theils aus dem Gallengang der Blase.

Es sind zwei Lebergänge vorhanden, die aus der Leber hervortreten.

1) Der eine [37]) kommt vom linken

35) Tab. VI. Fig. 3. (i).

36) Tab. VI. Fig. 3. (o).

37) Tab. VI. Fig. 3. (n).

Lappen, nimmt kleine Aeste vom zweiten und dritten Lappen auf, und läuft in der Pforte rechts unter dem Spigelischen Lappen, bis er unter einem etwas spitzen Winkel in den gemeinschaftlichen Gallengang sich endiget. Die Länge dieses Kanales betrug einen Zoll.

2) Der andere [38]) entspringt mehr rechts vom fünften Lappen, und nimmt kleine Aeste besonders vom sechsten auf. Er ist kürzer, aber weiter, und geht unter einem beinahe rechten Winkel in den gemeinschaftlichen Gallengang über [39]).

3) Zwischen diesen beiden Gängen kommt nun der Blasengang [40]) (ductus cysticus) zu liegen, dessen Länge einen Zoll betrug. Er neigt seinen Lauf etwas von der linken nach der rechten Seite, und geht mit einer gelinden Krümmung in den gemeinschaftlichen Gallengang über.

Dieser letztere bildet nun einen Kanal,

38) Tab. VI. Fig. 3. (m).

39) Ich fand bei einem Hunde, daſs er erst einen halben Zoll hinter dem Anfange des gemeinschaftlichen Gallenganges in letzteren überging.

40) Tab. VI. Fig. 3. (l).

dessen Länge ich bei diesem Hunde zwei Zoll drei Linien fand. Er geht gegen den Zwölffingerdarm, in Verbindung mit dem einen Bauchspeicheldrüsengange, wenn nämlich zwei vorhanden sind, und durchbohrt die Häute des Darmes[41]), ungefähr ein und einen halben Zoll vom Pförtner entfernt, in schräger Richtung, wodurch auf der innern Fläche des Darmes ein Wulst[42]) von der Länge eines halben Zolles erzeugt wird.

II. Die Pfortader[43]) liegt neben dem gemeinschaftlichen Gallengange mehr nach der rechten Seite hin und oben über demselben. Sie wird gleichfalls aus dem Zusammentreten derjenigen Venen erzeugt, die aus dem System der Verdauungswerkzeuge zurückkehren. So wie sie in die Pforte tritt, spaltet sie sich in zwei Hauptäste[44]). Der eine[45]) geht mehr rechts, ist kurz und verliert sich besonders in den zwei ersten Lappen. Der andere[46]) läuft links

41) Tab. VI. Fig. 3. (f).

42) Tab. VI. Fig. 3. (e).

43) Tab. VI. Fig. 3. (p).

44) Tab. VI. Fig. 3. (qr).

45) Tab. VI. Fig. 3. (q).

46) Tab. VI. Fig. 3. (r)

durch die ganze Länge der Pforte, theilt sich wieder in zwei Aeste [47]), die zum Theil von den Gallengängen bedeckt werden, und sich in die übrigen Lappen verlieren.

III. Die Leberschlagader [48]) liegt endlich über der Pfortader, noch mehr nach der rechten Seite hin. Da, wo sie in die Pforte tritt, wird sie von der Pfortader bedeckt, und spaltet sich in drei Aeste. Der erste [49]) geht mit dem rechten Zweige der Pfortader in die gleichen Lappen über; der zweite und kleinste Ast verliert sich in den mittleren Lappen mit mehreren Zweigen; der dritte [50]) und längste läuft zuerst von der Pfortader bedeckt nach der linken Seite, kommt dann zwischen dem Spigelischen Lappen und dem linken Lebergang zu liegen, und verliert sich vorzüglich in den linken Lappen, giebt aber auch kleine Aeste zum Spiegelischen und zweiten Lappen.

47) Tab. VI. Fig. 3. (1. 2.).

48) Tab. VI. Fig. 3. (s).

49) Tab. VI. Fig. 3. (t

50) Tab. VI. Fig. 3. (u).

§. 19.

Die Gallenblase [51]) wird vom dritten und vierten Lappen gemeinschaftlich aufgenommen. Sie hat eine birnförmige Gestalt. Ihre Länge betrug zwei Zoll, der Durchmesser ein und einen halben Zoll. Das Bauchfell überzieht ihre hintere Fläche, nach vorne aber hängt sie mit der Lebersubstanz zusammen, doch nicht an allen Punkten, sondern ihr Grund bleibt frey, daher auch dieser an der vorderen Fläche vom Bauchfell bedeckt wird.

Sie scheint aus der Leber keine sogenannte ductus hepatico-cystici zu erhalten. Nach oben verschmälert sich die Blase allmählig, und geht endlich in ihren Ausführungsgang (ductus cysticus [52]) über, der zwischen den beiden sogenannten Lebergängen zu dem gemeinschaftlichen Gallengange läuft.

§. 20.

Die Milz liegt in der linken Seite neben dem Magen, und steigt von vorne nach hinten und unten. Ihre Gestalt ist fast

51) Tab. VI. Fig. 3. (k).

52) Tab. VI. Fig. 3. (l).

sichelförmig, und die Farbe beinahe wie bei der Leber, nur etwas ins Blaue spielend.

Die innere Fläche, an der das grofse Netz hängt, gränzt theils an den Magen und Darmkanal, theils an die linke Niere, die äufsere Fläche an die Ribben und Bauchmuskeln.

Die Länge der Milz betrug in dem von mir hier untersuchten Hunde vier und einen halben Zoll, die gröfste Breite zwei Zoll. Das Gewicht war drei und ein halbes Quentchen.

§. 21.

Die Bauchspeicheldrüse erstreckt sich aus der linken Seite von der Milz hinter dem Magen nach dem Pförtner, macht hier eine Beugung, und folgt dem Lauf des langen Astes des Zwölffingerdarmes. Ihre Farbe scheint mehr röthlich zu seyn, als beim Pferde. Sie besteht aus einem Stücke, das nur verschiedene Krümmungen bildet.

Die Länge der ganzen Bauchspeicheldrüse betrug zwölf Zoll, die Breite einen Zoll, das Gewicht eine Unze.

Der Bauchspeicheldrüsengang öffnet sich hinter dem gemeinschaftlichen Gallengange, ungefähr ein und einen halben Zoll in den

Zwölffingerdarm [53]), dessen Häute er schief durchbohrt. Selten erscheint er doppelt [54]). Ist dieses der Fall, so sieht man einen Gang sich mit dem Gallengange vereinigen, den andern aber allein an der gewöhnlichen Stelle übergehen.

53) Tab. IV. Fig. 3. (g)

54) *Peyer* l. c. p. 76. Ich sah ihn ebenfalls doppelt.

Vierter Abschnitt.

Die Verdauungswerkzeuge des Schweines [1]).

§. 1.

Die Speiseröhre hat die gleiche Struktur, wie beim Pferde, und war ein Fuſs sechs Zoll lang, zehn und eine halbe Linie weit.

§. 2.

Der Magen [2]) hat ebenfalls ungefähr eine gleiche Lage, wie beim Pferde. Die Cardia

1) Die Gröſse des von mir untersuchten gemästeten Schweines war folgende: die Länge vom After bis zur Nasenspitze betrug drei Fuſs neun Zoll, vom After bis zum Schultergelenke zwei Fuſs neun Zoll, die Höhe zwei Fuſs, das Gewicht war hundert Pfund.

2) *Daubenton* Tom. V. Tab. 18. fig. 1.

liegt vom Pförtner nicht weit entfernt, indem die Speiseröhre fast in die Mitte des Magens tritt, und ihn gleichsam in zwei Theile absondert. Links dehnt sich der blinde Sack aus, der so geräumig ist, dafs er die Hälfte des Magens ausmacht, und zugleich noch einen kleinen Anhang zeigt, der eine eigene Höhle bildet.

Die Länge der grofsen Krümmung betrug im aufgeblasenen Zustande zwei Fufs sechs Zoll, die Länge der kleinen acht Zoll; der Durchmesser von einer Wand zur andern sechs Zoll, von der kleinen zur grofsen Krümmung sechs und einen halben Zoll. Der ganze Umfang des Magens war drei Fufs drei und einen halben Zoll, und er fafste sieben Pfund Wasser in sich. Im zusammengefallenen Zustande dieses Eingeweides aber betrug die Länge der grofsen Krümmung nur einen Fufs eilf und einen halben Zoll, der kleinen sechs Zoll, die Weite von einer Krümmung zur andern vier Zoll.

Der Bau des Magens hat viel übereinstimmendes mit dem des Pferdemagens. Auf der innern Oberfläche nemlich bemerkt man gleichfalls eine von der Speiseröhre herabsteigende verdickte Epidermis, die aber nur einen Theil des blinden Sackes bedeckt, ohne sich so weit gegen den Pförtner zu erstrecken.

§. 2.

Von der grofsen Krümmung hängt das Netz herab. Es liegt zwischen dem Magen und dem Grimmdarme gefaltet, und wird vom letzteren beinahe bedeckt. Rückwärts steigt es von der grofsen Krümmung zur kleinen hinauf, und ist daselbst befestiget.

§. 3.

Der dünne Darm nimmt mehr die rechte Seite ein. Seine Länge betrug sechs und funfzig Fufs, und der Durchmesser im aufgeblasenen Zustande einen Zoll eine und eine halbe Linie. Die Muskelhaut erscheint nicht sehr stark.

§. 4.

Wo der Zwölffingerdarm anfängt, sieht man eine wenig bemerkbare Biegung, und der vordere Queerast scheint zu fehlen. Der Zwölffingerdarm geht vielmehr gleich in einen longitudinellen Ast über, der sich bis zum mittleren Theil der rechten Niere erstreckt. Dann entsteht eine Biegung, und es folgt der hintere Queerast, der unter der Wirbelsäule von der rechten nach der linken Seite und zugleich etwas vorwärts in den übrigen dünnen Darm übergeht.

§. 5.

Der Blinddarm liegt auf der rechten Seite nach hinten, in der Nachbarschaft des Grundes der Urinblase. Daher wird seine Lage stets in etwas verändert, je nachdem die Blase mehr oder weniger angefüllt ist. Er verlängert sich nach der linken Seite, und es entsteht endlich aus ihm der Grimmdarm unter einem mehr oder weniger rechten Winkel.

Wo der Uebergang des dünnen Darmes in den Blinddarm statt findet, sieht man eine deutliche Klappe.

Der Blinddarm besitzt drei Bänder, die fester und straffer sind, als am Grimmdarme, und seine Oberfläche erscheint daher mehr beutelförmig.

Seine Länge betrug acht Zoll, der Durchmesser im mäſsig ausgedehnten Zustande drei und einen halben Zoll.

§. 6.

Der Grimmdarm nimmt die untere Bauchgegend ein, und kommt beim Oeffnen des Hinterleibes zuerst zum Vorschein. Er bildet in seinem Laufe mehrere Lagen, die durch Zellgewebe unter einander vereiniget sind, und man sieht zwischen ihm und dem Mastdarme in Ansehung der Weite keinen Unterschied.

Die Länge des Grimm- und des Mastdarmes betrug funfzehn Fuſs, und der Durchmesser des ersteren zwei und einen halben Zoll.

Der Grimmdarm besitzt zwei Bänder, die wenig straff sind, daher ist seine beutelförmige Beschaffenheit geringe, und verschwindet gegen den Mastdarm hin völlig.

§. 7.

Die Leber hat dieselbe Lage, wie bei den vorher beschriebenen Säugethieren, und besteht aus vier Lappen.

Ihr Umfang betrug zwei Fuſs eilf Zoll, die Dicke zwei Zoll, das Gewicht zwei Pfund. Sie besitzt eine Gallenblase.

§. 8.

Die Milz liegt in der linken Seite, hat eine sichelförmige Gestalt, und ungefähr gleiche Farbe, wie die Leber. Auf der innern Fläche bemerkt man einen erhabenen Rand, an welchem die Gefäſse ein- und austreten. Die Länge dieses Eingeweides war ein Fuſs und drei Zoll, der breiteste Theil zwei Zoll, die Dicke neun Linien, und das Gewicht sechs Unzen.

§. 9.

Die Bauchspeicheldrüse hat ungefähr dieselbe Lage und Gestalt, wie bei dem Pferde. Der transverselle Ast geht schief von der linken nach der rechten Seite, und etwas rückwärts. Der längliche läuft von vorne nach hinten, und sein innerer Rand ist ausgeschweift. Die Länge des transversellen Astes betrug fünf Zoll, die Breite zwei Zoll, die Dicke sechs und eine halbe Linie; die Länge des länglichen Astes sechs Zoll, die Breite einen und einen halben Zoll, das Gewicht der ganzen Drüse zwei und eine halbe Unze.

Fünfter Abschnitt.

Die Verdauungswerkzeuge des Habichts[1]).

§. 1.

Sobald man den Brustknochen und die Bauchmuskeln weggenommen hat, kommen die Ein-

1) Diejenige Gattung, die ich zur Beschreibung der Verdauungswerkzeuge benutzte, war falco palumbarius. Seine Länge betrug im Ganzen ein und einen halben Fuſs drei Zoll; Schnabel und Schwanz abgerechnet, einen Fuſs. Mit ausgespannten Flügeln hielt die Breite vier und einen halben Fuſs. Das Gewicht betrug zwei Pfund neun und ein halbes Loth. Er war ziemlich fett.

geweide des Hinterleibes von vorne nach hinten in folgender Ordnung zum Vorschein[2]).

Gleich hinter dem Herzen[3]) befindet sich die Leber[4]), dann folgt der Magen[5]), vom Zwölffingerdarme begränzt[6]), und endlich der letzte Theil der Cloaca[7]).

Diese werden alle von dem Bauchfelle eingehüllt, welches sich als eine sehr dünne, zellige Membran darstellt, die mehrere unbe-

2) Tab. IV. Fig. 3.

3) Nie habe ich bei den Vögeln zwischen Herz und Leber ein muskulöses Zwerchfell gefunden, sondern blofs eine dünne, zellige Membran, die mit dem Herzbeutel zusammenhängt, und die Höhle der Brust von der des Hinterleibes trennt.

Aufserdem sind beide Höhlen durch eine ähnliche zellige Membran, welche nach der Länge läuft, in zwei Hälften getheilt. Diese Membran ist mit den Lungen, dem Herzbeutel, der Leber, dem Magen, und einer unter dem Magen und den Gedärmen sich befindenden Fettlage verbunden.

4) Tab. IV. Fig. 3. (bb).

5) Tab. IV. Fig. 3. (c).

6) Tab. IV. Fig. 3. (de).

7) Tab. IV. Fig. 3. (f).

stimmte Fortsätze in der Bauchhöhle hervorbringt [8]).

§. 2.

Vom Schlunde, der einen trichterförmigen Sack bildet, und hinter dem Kehlkopf liegt, fängt

die Speiseröhre [9]) an, die sich unter der Halswirbelsäule befindet, wo ihr Durchmesser im mäfsig aufgeblasenen Zustande acht Linien betrug. Sie steigt nun an der rechten Seite der Luftröhre gegen die Brusthöhle herab.

8) Bei allen von mir zergliederten Raubvögeln fand ich stets eine platte Fettlage von der Dicke eines halben Zolles bis einen Zoll, die eine dünne Membran zur Grundlage hatte, und welche einige Anatomen mit dem Netze verglichen haben. Diese Fettlage bedeckte den Zwölffingerdarm, den Magen und die Cloaca. Vorzüglich häuft sich das Fett in ihr nach der linken Seite an. Ist diese Anhäufung beträchtlich, so werden die Gedärme mehr gegen die rechte Seite gedrängt. Ich sah eine solche Lage besonders durch ihre Festigkeit ausgezeichnet bei einem zahmen Habicht von derselben Gattung, von welchem ich aber blofs die Abdominaleingeweide erhalten habe.

9) Tab. IV. Fig. 1. (a).

Ungefähr einen halben Zoll vor dem Eintritte in dieselbe erweitert sie sich beträchtlich, und bildet den Kropf [10]) (ingluvies). Dieser besteht aus einem länglich-runden Sacke, dessen Convexität nach vorne gekehrt ist. Im mäfsig aufgeblasenen Zustande betrug seine Länge drei Zoll drei Linien, und die Tiefe einen Zoll neun Linien [11]).

Nun setzt die wieder verschmälerte Speiseröhre ihren Lauf fort, durchbohrt die dünne, zellige Membran, welche den Eingang in die Brusthöhle verschliefst, kriecht hier über und zwischen den beiden Aesten der Luftröhre und den Lungen fort, und verfolgt ihren Lauf unter den Rückenwirbeln in einer horizontalen Richtung bis ungefähr zu dem dritten Wirbel, wo sie, etwas erweitert, in den Vormagen [12]) (bulbus glandulosus) übergeht.

10) Tab. IV. Fig. 1. (b).

11) Beim falco lagopus fand ich die Tiefe und Weite des Kropfes zwei Zoll vier Linien. Er enthielt mehrere Stücke von zerrissenen Mäusen, deren Fleisch noch eine frische, rothe Farbe zeigte, aber überall von den abgesonderten Feuchtigkeiten durchdrungen war.

12) Tab. IV. Fig. 1. (c).

§. 3.

Auswärts ist die Speiseröhre mit einem feinen und lockern Zellgewebe überzogen, durch welches sie sich an die benachbarten Theile befestiget. Nimmt man dasselbe weg, so kommen die eigentlichen Häute zum Vorschein. Es lassen sich von diesen vier dem Auge deutlich darstellen.

§. 4.

Die erstere und äufsere Haut der Speiseröhre ist eine sehr feine, durchsichtige, zellige Membran, welche sich ziemlich genau mit der darunter liegenden folgenden Haut verbindet.

§. 5.

Diese zweite, eine wahre Muskelhaut, ist dünn, nimmt aber gegen den Vormagen allmählich an Dicke etwas zu. Sie besteht aus zirkelförmigen und longitudinellen Fasern, von denen die erstern, welche stärker sind, nach aufsen, die letzteren hingegen nach innen zu liegen scheinen, und eine sehr dünne Lage erzeugen [13]). Am Kropfe fand ich, aufser diesen beiden Lagen, hin und wieder feinere

13) Hier scheint also in Rücksicht der Lage der Fasern gerade das Gegentheil von dem, was man bei den Säugethieren bemerkt, statt zu finden.

schräg laufende Fasern, welche die anderen durchkreutzten.

Diese Muskelhaut besitzt besonders am Kropfe eine starke Zusammenziehungskraft, die man vorzüglich im leeren Zustande des letzteren deutlich bemerkt, indem alsdann seine Höhle beinahe ganz verschwunden ist.

§. 6.

Die dritte, unter der Muskelhaut liegende, Membran ist die Zellhaut. Sie hat in Rücksicht ihrer Dicke und des übrigen Baues fast die gleiche Beschaffenheit, wie bei den von mir schon beschriebenen Säugethieren, und ist mit vielen Blutgefäfsen durchwebt, die man vorzüglich deutlich am Magen antrifft.

Unter dieser Haut liegen viele kleine, rundliche, von einander abgesonderte Schleimdrüsen, die den Schleim in die Höhle der Speiseröhre und des Kropfes absondern. An der Speiseröhre erzeugen sie mehrere, nach der Länge laufende Reihen, im Kropfe hingegen sind sie unordentlich zerstreut, nur schienen sie mir daselbst nicht in gröfserer Menge vorhanden zu seyn.

§. 7.

Die vierte und letzte sichtbare Haut [14]) ist stark und fest, etwas dicker, als das Bauchfell in den groſsen Säugethieren. Sie besitzt, wenn sie vom Blute gereiniget ist, eine weiſse, etwas ins Bläuliche übergehende Farbe, ist ziemlich durchsichtig, und läſst die angeführten Drüsen, die zwischen ihr und der Zellhaut liegen, durchscheinen.

Auf ihrer inneren Oberfläche erblickt man eine Menge kleiner Oeffnungen [15]), welche die Mündungen der Schleimdrüsen darstellen, durch welche eine beträchtliche Menge dünner, ungefärbter und klarer Schleim hervorquillt.

Diese Membran bildet mit der Zellhaut starke Falten [16]), die nach der Länge der Speiseröhre laufen, im Kropfe aber unordentlich liegen.

14) Doch ist es wahrscheinlich, daſs sowohl hier, als an dem eigentlichen Magen und Gedärmen auch eine Epidermis vorhanden sey; ob ich sie gleich nicht deutlich bemerken konnte.

15) Tab. V. Fig. 1. (a).

16) Tab. V. Fig. 1. (b).

§. 8.

Die Speiseröhre besitzt viele und verhältnifsmäfsig starke Blutgefäfse, die sich besonders in der Zellhaut zerästeln, durch ihre Gröfse sich vorzüglich am Kropfe auszeichnen, und in seine Höhle wahrscheinlich mehrere Feuchtigkeit absondern.

§. 9.

Der Vormagen [17]) (bulbus glandulosus) liegt unter den Rückenwirbeln und den grofsen Blutgefäfsen; nach unten wird er von dem Herzen und der Leber ganz bedeckt.

Er hat ein beinahe trichterförmiges Ansehen. Sein schmales Ende ist nach vorne gekehrt, und verläuft sich in die Speiseröhre, nach hinten geht er mehr auf der linken Seite in den eigentlichen Magen über, und zwar an der Stelle, wo sich der letzte Rückenwirbel mit dem Hüftknochen vereiniget. Der Uebergang ist unmerklich, und man sieht zwischen beiden Theilen keine sichtbare Gränze; vielmehr bilden sie eine gemeinschaftliche Höhle, welche die Nahrungsmittel aus der Speiseröhre aufnimmt.

17) Tab. IV. Fig. 1. (c).

Die Länge des Vormagens betrug im leeren Zustande einen Zoll neun Linien, die Breite an dem mittleren Theile einen Zoll. Im aufgeblasenen Zustande betrug letztere einen Zoll vier Linien; die Tiefe einen Zoll zwei Linien [18]).

§. 10.

Es besteht der Vormagen aus denselben Häuten, welche die Speiseröhre zusammensetzen. Nur nimmt hier die Muskelhaut an Stärke etwas zu. Zwischen der Zellhaut und der vierten

18) Bei dem zahmen Habicht fand ich den Vormagen, der von Fleisch ziemlich ausgedehnt war, einen Zoll acht Linien lang, und einen Zoll eine und eine halbe Linie breit und tief.

Beim falco lagopus, dessen Vormagen von zerrissenen Mäusen stark angefüllt war, zeigte sich die Breite einen Zoll vier Linien, die Tiefe einen Zoll zwei und eine halbe Linie. Das Fleisch, was er enthielt, fing schon an hin und wieder aufgelöst zu werden, hatte ein gelblich-graues Ansehen, und gab einen säuerlichen Geruch von sich. An einer Eule (strix aluco), die vier und zwanzig Loth wog, eine Länge von acht und einen halben Zoll, den Schwanz nicht eingerechnet, hatte, und ziemlich fett war, hielt der beinahe leere Vormagen acht und eine halbe Linie an Länge, und drei Linien an Breite.

erscheint aber eine beträchtliche Lage Schleimdrüsen [19]), die besonders dazu beitragen, dafs sich dieser Theil von der Speiseröhre und dem Magen durch sein Ansehen unterscheidet.

Eine jede Drüse hat eine cylindrische Figur; ihr Durchmesser betrug ungefähr drei Viertel Linien, und ihre Länge besonders in der Mitte des Vormagens, wo sie nemlich am längsten sind, zwei Linien, denn sie nehmen gegen beide Enden des Vormagens allmählich ab. Sie liegen parallel neben einander, sind durch ein feines Zellgewebe unter sich verbunden, und laufen queer zwischen der Zellhaut und der vierten Membran. Das eine Ende hängt mit der Zellhaut zusammen, das andere durchbohrt die vierte Haut, und öffnet sich in die Höhle des Vormagens mit einer einzelnen Mündung [20]). Hierdurch entstehet zwischen der letzten Haut und den Drüsen eine genaue Verbindung.

Aufser diesen cylindrischen Drüsen sind noch viele, aber kleinere Schleimbehälter vorhanden, welche mit denen an der Speiseröhre eine gleiche Beschaffenheit haben, nur dafs

19) Tab. V. Fig. 1. (c).

20) Tab. V. Fig. 1. (d).

sie kleiner sind. Sie schütten gleichfalls ihren Schleim in die Höhle des Vormagens aus, so daſs durch alle diese Drüsen die letzte Membran auf der innern Fläche mit einer beträchtlichen Menge eines weiſsgelben Schleimes überzogen ist.

Wird der Schleim weggenommen, so bemerkt man sehr deutlich mit bloſsen Augen eine Menge kleiner Oeffnungen, die zu den cylindrischen Drüsen führen. Diese zeigen sich als kleine schwärzliche Punkte von gelblichen Ringen umschlossen [21], welche von dem innern Ende der Drüsen hervorgebracht werden, indem letztere wegen der Durchsichtigkeit der letzten Membran durchschimmern.

Auſserdem erblickt man, durch Hülfe einer Lupe, zwischen diesen Oeffnungen viele andere, aber kleinere, die wahrscheinlich theils zu letzterer Art von Drüsen führen, theils als Mündungen der aushauchenden und einsaugenden Gefäſse anzusehen sind.

21) Tab. V. Fig. 1. (e).

Nimmt man die Haut von den Drüsen ab, so sieht man an ersterer viele kleine Löcher, die da entstehen, wo die cylindrischen Drüsen diese Membran durchbohren.

§. 11.

Der eigentliche Magen [22]) ist so gelegen, daſs der gröſste Theil der Gedärme auf ihm ruht. Nach unten fand ich ihn bei allen Raubvögeln mit oben erwähnte Fettlage bedeckt. Nach vorne steht er in Verbindung mit dem Vormagen, und berührt die Leber und Milz; seitwärts und nach hinten wird er unmittelbar vom Zwölffingerdarm umgränzt.

Denkt man sich ihn vom Vormagen getrennt, so erhält er im leeren Zustande eine beinahe halbzirkelförmige plattgedrückte Ansicht. Sein stark erhabener Rand ist nach hinten gekehrt, und stöſst unmittelbar auf den Zwölffingerdarm; der vordere und eingebildete Rand zwischen ihm und dem Vormagen würde nach einer geraden Richtung laufen. Die eine Fläche sieht nach oben, und berührt die Gedärme,

22) Tab. IV. Fig. 1. (d). Fig. 3. (c).

die andere nach unten gegen die Bauchmuskeln, und ist mit der erwähnten Fettlage genau verbunden.

Seine Länge betrug im leeren Zustande einen Zoll zwei und eine halbe Linie, und die Breite einen Zoll drei Linien. Im aufgeblasenen aber betrug die Länge einen Zoll sieben Linien, die Breite einen Zoll acht Linien, die Tiefe einen Zoll zwei Linien [23]).

Der Magen wird aus den gleichen Häuten gebildet, aus denen die Speiseröhre und der Vormagen bestehen; nur zeichnen sich an ihm die drei letzten durch ihre gröſsere Dicke aus.

23) Bei dem zahmen Habicht, dessen Magen mit unverdautem Fleisch ziemlich stark angefüllt war, betrug die Länge einen Zoll vier Linien, und die Breite einen Zoll fünf Linien, die Tiefe einen Zoll eine und eine halbe Linie. — Beim falco lagopus, wo der Magen von zerrissenen Stücken von Mäusen angefüllt war, fand ich die Breite und Länge zwei Zoll, die Tiefe einen Zoll zwei und eine halbe Linie. Das verschluckte Fleisch hatte dasselbe Ansehen und den gleichen Geruch, den ich im Vormagen bemerkte. — Bei der Eule war der Magen einen Zoll und eine und eine halbe Linie lang und breit.

§. 12.

Besonders gilt dieses von der Muskelhaut, welche verhältnifsmäfsig stärker erscheint, als ich sie bei den von mir untersuchten Säugethieren gefunden habe. Ihre Fasern entspringen vorzüglich an zwei herzförmigen tendinösen Punkten[24]), die sich an der Mitte der Magenfläche befinden, und laufen strahlenförmig gegen den Umfang des Magens. Am Pförtner erzeugen sie einen schwachen Ringmuskel.

Unter diesen strahlenförmigen Fasern, die eigentlich die ganze Haut zusammensetzen, befindet sich noch eine dünne, unvollkommene Lage longitudineller Fasern, welche eine Fortsetzung von denen des Vormagens sind. Diese breiten sich nicht über den ganzen Magen aus, sondern verlieren sich schon allmählich am ersten Drittel desselben.

§. 13.

Die Zellhaut zeichnet sich am Magen nicht nur durch die beträchtlichere Dicke aus, sondern vorzüglich durch die starken Blutgefäfse, welche von der Muskelhaut in sie übergehen, sich hier überall zerästeln, und beide Häute sehr genau mit einander verbinden.

24) Tab. IV. Fig. 1. (d*) Fig. 3. (c*).

§ 14.

Die vierte Haut ist auch etwas dicker und stärker, als im Vormagen, übrigens von derselben Durchsichtigkeit, Festigkeit und Farbe. Sie unterscheidet sich alſo auch hier durch die angegebenen Eigenschaften sehr merklich von der vierten Membran bei den Säugethieren, der ich den Namen Gefäſshaut beigelegt habe.

Ihre innere Fläche war mit einer dicken Schleimlage überzogen, welche sich am Magen durch einen festeren Zusammenhang vorzüglich auszeichnet, übrigens dieselbe Farbe, wie in dem Vormagen besaſs [25]) Sie war so fest, daſs man sie beinahe als eine wahre Haut ansehen sollte, und lieſs sich, ohne ihre Form zu verlieren, von dem Magen leicht absondern.

Dieser Schleim wird wahrscheinlich von vielen kleinen runden Schleimdrüsen, die zwischen der Zellhaut und Gefäſshaut gelagert

25) Bei dem falco lagopus, bei dem Sperber (falco nisus) und der Nachteule, fand ich die Schleimlage besonders auffallend dick, fest, und von einer braungelben Farbe. Sie hat wahrscheinlich auch zugleich den Nutzen, den Magen gegen die herabgeschluckten Knochensplitter zu schützen.

sind, abgesondert. Nimmt man ihn weg, so erblickt man auf der innern Fläche des Magens eine Menge kleiner Erhabenheiten, die indessen nicht mit den Darmzotten verglichen werden können, ob sie gleich vermuthlich aus den Endigungen der aushauchenden und einsaugenden Gefäfse und der Schleimdrüsen gebildet werden. Durch diese Gefäfse wird vorzüglich eine genaue Verbindung zwischen der Zell- und Gefäfshaut hervorgebracht.

Die beiden letzten Häute bilden mehrere unregelmäfsig laufende Falten[26]), die deutlich erscheinen, wenn der Magen leer und zusammengefallen ist.

§. 15.

Dem Magen fehlt eigentlich eine genau zu unterscheidende Cardia, weil er mit dem Vormagen eine gemeinschaftliche Höhle bildet, und letzterer allmählig in die Speiseröhre übergeht. Dagegen verläuft sich seine Höhle konisch in den Pförtner[27]), der nach der rechten Seite des Magens nahe bei dem Eingange zum Vormagen sich befindet.

Der Pförtner wurde auf eine doppelte

26) Tab. V. Fig. 1. (f).

27) Tab. V. Fig. 1. (g). Fig. 7. (a).

Art zugeschlossen. Ich bemerkte nämlich nach vorne vier längliche, ziemlich starke Falten [28]), die aus einer Verdoppelung der Zell- und Gefäſshaut bestanden, und in die Höhle des Zwölffingerdarmes übergingen. Den Falten gerade entgegengesetzt, lag am Rande des Pförtners eine konische Klappe [29]), deren Lage sich mir auf folgende Art darstellte. War der Pförtner offen, so ragte ihre Spitze etwas nach hinten in die Höhe des Magens hervor [30]); war jener geschlossen, so erschien die Spitze in die Oefnung herabgesenkt [31]), und verstopfte letztere völlig [32]). Ueberdies fand ich nach auſsen einen kleinen Sphinkter, der das Seinige zum Verschlieſsen des Pförtners beizutragen scheint. Er erzeugt an der Stelle, wo der Magen in den Zwölffingerdarm übergeht, einen kleinen Einschnitt.

§. 16.

Der Darmkanal fängt vom Pförtner an,

28) Tab. V. Fig. 1. (h). Fig. 7. (b).

29) Tab. V. Fig. 1. (i)

30) Tab. V. Fig. 7. (c).

31) Tab. V. Fig. 1. (g).

32) Sowohl die Falten, als die Klappe fand ich bei

und endiget sich in die Cloaca. Er zerfällt in den dünnen und dicken Darm; letzterer ist kurz, und wird von ersterem völlig bedeckt.

Die Länge des dünnen Darmes [33]) betrug drei Fuſs vier Zoll. Der Durchmesser im aufgeblasenen Zustande drei und dreiviertel Linien, vorzüglich an seinem Anfangstheil, wo er die gröſste Weite zeigt, denn gegen den dicken Darm hin hielt er nur zwei Linien im Durchmesser. Die Länge des sogenannten dicken Darmes war zwei und einen halben Zoll, der Durchmesser im leeren und zusammengezogenen Zustande zwei Linien, durch Luft aufgeblasen, acht Linien.

§. 17.

Ein ansehnlicher Theil des dünnen Darmes, den man gewissermaſsen mit dem Zwölffingerdarm der Säugethiere vergleichen könnte,

allen von mir zergliederten Falken und Habichten. Sie hatten einen gleichen Bau und dieselbe Lage. Bei der Eule hingegen sah ich bloſs die länglichen Falten, und die Klappe fehlte, dafür zeigte sich ein verhältniſsmäſsig stärkerer Sphinkter.

33) Beim falco lagopus war die Länge vier Fuſs; bei der Eule nur ein Fuſs fünf und einen halben Zoll.

beobachtet einen regelmäſsigen Lauf, und erzeugt mehrere Lagen, die ich hier näher an geben will.

Die erste Lage [34]) fängt am Pförtner hinter dem rechten Lappen der Leber an, läuft nach hinten bogenförmig gegen die Cloaca, geht dann in der nemlichen Richtung an der linken Seite nach vorne gegen den linken Lappen der Leber, bildet, indem er hier von unten nach oben steigt, ungefähr einen viertel Zoll hinter derselben eine Biegung [35]) und erzeugt nun eine zweite Lage [36]). Diese nimmt denselben, aber entgegengesetzten Gang zurück, so daſs beide Lagen fast parallel mit einander laufen, kriecht an der rechten Seite über den rechten Lappen der Leber, nach vorne, und bringt ungefähr einen halben Zoll vom Anfange der ersten Lage, indem er sich von unten nach oben lenkt, eine zweite Biegung [37]) hervor, welche an die Leber stöſst. Er läuft dann gegen die Cloaca zurück unter der rechten Niere, die er be-

34) Tab. IV. Fig. 3. (d).

35) Tab. IV. Fig. 3. (g).

36) Tab. IV. Fig. 3. (e).

37) Tab. IV. Fig. 3. (h).

rührt, und verliert sich in den übrigen dünnen Darm.

Die zwei erwähnten Lagen sind durch ein Gekröse mit einander verbunden; die letztere ruht auf der ersten, und beide beschreiben einen halben Zirkel um den Rand des Magens.

Der letzte Theil des dünnen Darmes erzeugt viele und nicht zu bestimmende Windungen, nimmt die obere Gegend der Bauchhöhle ein, und wird vom Magen und den beiden Lagen des Zwölffingerdarmes ganz bedeckt. Endlich tritt er zwischen dem vordern Ende beider Nieren, und an der Stelle, wo sich der Rückenknochen mit dem Hüftbeine vereiniget, in den dicken Darm über.

§. 18.

Es hing der ganze dünne Darm durch ein feines Gekröse unter sich, und nach oben mit den benachbarten Theilen zusammen, in dem vieles Fett angehäuft war.

§. 19.

In dem ersten Theil des dünnen Darmes fand ich einen gelblich-weifsen flüfsigen Speisebrei, der, nachdem er einen Weg von etwa drei Fuſs zurückgelegt hatte, nun ein graues Ansehen bekam, und allmählich anfing sich in Excremente abzusetzen.

§. 20.

In der zweiten Lage des Zwöllfingerdarmes zeigten sich mir in seiner Höhle fünf kleine Oefnungen. Nemlich gerade in der zweiten Biegung, wo die erste Lage in die zweite übergeht, acht Zoll vom Pförtner entfernt, erschien eine Oefnung [38]) zur Aufnahme des Gallenblasenganges [39]) (ductus cysticus). Einen halben Zoll weiter zurück, öfnete sich der Lebergang (ductus hepaticus) [40]) und gleich daneben war eine dritte Oefnung [41]) zur Aufnahme eines kleinen Ganges der Bauchspeicheldrüse. Einen Zoll hinter der letzteren sah ich noch zwei Oefnungen [42]),

38) Tab. VI. Fig. 2. (t).

39) Tab. VI. Fig. 2. (k).

40) Tab. VI. Fig. 2. (u).

41) Tab. VI. Fig. 2. (v).

42) Tab. VI. Fig. 2. (n).

die zwei andere kleine Gänge der Bauchspeicheldrüse durchliessen.

§. 21.

An dem Uebergange des dünnen Darmes in den dicken, befinden sich zwei kleine Blinddärme [43]), die neben einander unter dem Eierstocke liegen, und auf dem letzten Ende des dünnen Darmes ruhen. Sie haben eine kegelförmige Gestalt, öfnen sich in den dicken Darm, und kehren das zugespitzte verschlossene Ende nach vorne.

Die Länge eines jeden Blinddärmchens betrug drei Linien, der Durchmesser eine und dreiviertel Linien [44]).

§. 22.

Der dicke Darm selbst liegt unter dem Hüftknochen nach der linken Seite hin zwischen den beiden Nieren, und ist an diesen

43) Tab. V. Fig. 6. (bb).

44) Bei allen von mir zergliederten Habichten und Falken fand ich sie; auch zeigten sie verhältnissmäfsig dieselbe Gröfse, und enthielten eine schleimige Feuchtigkeit, aber nie wahren Koth. — Bei den Eulen dagegen hielt ein jeder Blinddarm zwei Zoll Länge, und war mit Koth angefüllt.

Knochen durch ein ziemlich fettes Gekröse befestiget.

Er läuft in einer S förmigen Richtung [45]) nach hinten gegen die Cloaca, senkt sich hier von oben nach unten herab, und erzeugt einen kleinen Theil, den ich als einen Mastdarm ansehe [46]), weil letzterer sich durch stärkere längliche Muskelfasern vorzüglich auszeichnet, und in die Cloaca sich öfnet.

Ich bemerkte am dicken Darm keine Bänder, indessen zeigte er doch ein beutelförmiges Ansehen, indem er an einigen Stellen von Koth ausgedehnt, an andern aber leer und zusammengezogen war. Er enthielt schwärzlich-graue, beinahe flüssige Excremente.

§. 23.

An dem Darmkanal konnte ich drei Häute nur deutlich bemerken. Die äufsere ist eine Fortsetzung des Bauchfelles und des Gekröses. Unter derselben erscheint die Muskelhaut, und dann folgt eine innere oder Gefäfshaut.

Die Muskelhaut zeigte besonders am Anfange des dünnen Darmes starke Zirkelfasern, da-

45) Tab. V. Fig. 6. (c).

46) Tab. V. Fig. 6. (d).

her behielt der Darm beim Durchschneiden seine vollständige Höhle, wie es auch beim Hunde geschieht. Am Mastdarme hingegen sind die longitudinellen Fasern stärker. Eine Zellhaut konnte ich nicht deutlich entdecken. Die innere Haut war dagegen ziemlich derb, und besaſs im dünnen Darme stark hervorragende Zotten, die verhältniſsmäſsig noch stärker, als beim Hunde waren, aber gegen den dicken hin allmählig abnahmen.

§. 24.

Der Mastdarm verliert sich in die Cloaca [47]), ein schlauchförmiger, beinahe ovaler Sack, der vorzüglich unter dem Kukuksbeine liegt. In diese öfnen sich noch auſserdem zugleich die Harnleiter, die Genitalien und die bursa *Fabricii*, die hinter der Cloaca sich befinden.

Es lassen sich an ihr drei Häute deutlich darstellen: Eine äuſsere und feine Zellhaut, eine Muskelhaut, die aus longitudinellen, zirkelförmigen und schräglaufenden Fasern zusammengesetzt ist, und mit der Muskelhaut der Urinblase bei den Säugethieren Aehnlichkeit

47) Tab. V. Fig. 6. (e).

hat; und endlich eine mit vielen Adern durchwebte dritte Haut. Letztere erzeugt auch an der zusammengefallenen Cloaca viele Runzeln.

Die Häute der Cloaca sind überhaupt einer grofsen Erweiterung fähig, daher liefs letztere, die im zusammengefallenen und schlaffen Zustande nur einen halben Zoll und eine Linie lang, und einen halben Zoll breit war, sich durch mäfsiges Aufblasen so ausdehnen, dafs ihr Durchmesser zwei Zoll und eine Linie in der Breite, und zwei Zoll und drei Linien in der Länge betrug.

Nach hinten besitzt die Cloaca eine mit einem Sphinkter umgebene beträchtliche grofse Oefnung, durch welche der Unrath ausgeworfen wird.

§. 25.

Die Leber [48]) besteht aus einer sehr feinen körnigen Substanz, und hat eine dunkelbraune, ins gelbliche spielende Farbe.

Ihr Gewicht betrug drei Quentchen fünf und vierzig Gran.

48) Tab. VI. Fig. 1. 2

Sie kommt unmittelbar nach weggenommenem Brustknochen zum Vorschein, und hat ihre Lage zwischen dem Herzen und dem Magen [49]), wenn man von vorne nach hinten überhaupt auf die Lage aller Eingeweide sieht. Sie erstreckt sich von der rechten nach der linken Seite, und nimmt die beiden Hypochondrien und die Herzgrube völlig ein.

Vergleicht man die Lage dieses Eingeweides bei den Vögeln mit der bei den Säugethieren, so wird man finden, daſs bei ersteren die Leber sich mehr nach vorne erstreckt, und sogar einen Theil des Raumes einnimmt, der bei letzteren für die Lungen bestimmt ist, weil diese Organe bei Vögeln sehr klein sind.

§. 26.

Die Leber hat, überhaupt betrachtet, eine irregulaire Gestalt, und besteht aus zwei Lappen. Der rechte [50]) und gröſsere hat einen länglich-runden zugespitzten Umriſs, sein spitzes Ende ist nach vorne und aufwärts gekehrt, in das die Hohlader [51]) in die Leber tritt. Der

49) Tab. IV. Fig. 3. (b).

50) Tab. VI. Fig. 1. (a).

51) Tab. VI. Fig. 1. (e).

linke [52]) und kürzere Lappen erscheint beinahe halbzirkelförmig, und sieht mit dem erhabenen Rande nach aufsen. Beide zeigten am Rande einige mehr oder weniger tiefe zackige Einschnitte. Die Lappen sind nach hinten durch eine ungefähr einen Zoll lange Spalte [53]) von einander getrennt, die sich etwas schief nach der rechten Seite neigt, und in welche sich das oben erwähnte mediastinum hineinsenkt. Dieses trennt beide Lappen, und verhindert ihre unmittelbare Berührung. Nach vorne wurden beide Lappen gleichfalls durch einen ziemlich tiefen Einschnitt [54]) von einander abgesondert, der fast in gerader Richtung der erwähnten Spalte entgegen kömmt. Hier tritt die Hohlader aus der Lebersubstanz wieder hervor, und nimmt die Lebervenen auf.

Die Länge des rechten Lappen betrug einen Zoll neun Linien, die Breite einen Zoll eine und eine halbe Linie, und die Dicke neun Linien; die Länge des linken Lappen einen Zoll vier Linien, die Breite einen Zoll eine halbe Linie, die Dicke acht Linien.

52) Tab. VI. Fig. 1. (b).

53) Tab. VI. Fig. 1. (c).

54) Tab. VI. Fig. 1. (d).

Ein jeder Lappen besitzt drei Flächen, die sich auf folgende Weise verhalten.

Die obere Fläche entspricht der hinteren an der Leber der Säugethiere. Sie ist gröſstentheils concav, und am rechten Lappen unter den dreien die gröſste. Durch diese berührt der rechte Lappen einen kleinen Theil des eigentlichen Magens, die zweite Biegung des Zwölffingerdarmes, die Gallenblase, die Milz und die Bauchspeicheldrüse.

Gleich nach dem Tode, wenn die thierische Wärme noch vorhanden ist, erblickt man auf dieser Fläche stärkere oder schwächere Vertiefungen, die sich nach der Convexität der anliegenden Theile richten. Am linken Lappen bildet die obere Fläche eine mehr regelmäſsige Vertiefung, und berührt theils die untere Fläche des ganzen Vormagens, theils nach hinten einen kleinen Theil des eigentlichen Magens.

§. 27.

Die obern Flächen beider Leber-Lappen flieſsen vor der erwähnten Spalte in einander, und werden mehr erhaben. An dieser gemeinschaftlichen Fläche, ungefähr zwei Linien vor der

der Spalte befindet sich die Pforte [55]). Sie bestand aus einer zugespitzten, ziemlich tiefen, ungefähr einen Zoll langen Rinne, die am rechten Lappen anfängt, wo sie drei Linien in der Breite betrug, und verschmälert sich dann gegen den linken Lappen hin, wo sie sich zuletzt mit einer Breite von einer und einer halben Linie endigte.

Sie war mit einer beträchtlichen Menge Fett angefüllt, und enthielt nach Wegnahme desselben die Pfortader, die Leberschlagader, die Lebernerven, und mehrere Gallengänge.

I. Die Pfortader [56]) spaltet sich in der Pforte in zwei Hauptäste.

Der längste und dünnste läuft in der Pforte nach dem linken Lappen unter die Aeste des Leberganges, die er gröſstentheils bedeckt, giebt in seinem Laufe mehrere kleinere Seitenäste ab, die in die Substanz des Lappens eindringen, zwischen welchen die Aeste des Leberganges zum Vorschein kom-

55) Tab. VI. Fig. 1. (g). Fig. 2. (b).

56) Tab. VI. Fig. 1. (h).

men, und verliert sich endlich am Ende der Pforte zugespitzt in die Lebersubstanz.

Er war einen halben Zoll und zwei Linien lang.

Der andere Ast der Pfortader geht nach dem rechten Lappen, ist kürzer, aber weiter, als der vorige, bedeckt gröſstentheils die Anfangsäste des Lebergallenblasenganges, und spaltet sich in der Pforte gleich in zwei kleinere Aeste, zwischen denen der Lebergallenblasengang aus der Leber hervortritt.

Der Hauptast war nur eine und eine halbe Linie lang, und hatte ungefähr die gleiche Weite.

II. Die Leberschlagader [57]) kommt mehr nach vorne in der Pforte zum Vorschein, und theilt sich in zwei Aeste. Der längste geht in den linken Lappen, der kürzere in den rechten über. Beide folgen dem Laufe der Verzweigungen der Pfortader, und schicken mehrere kleine Aeste in die Lebersubstanz.

III. Die Lebernerven halten denselben Gang und die gleiche Richtung, wie die

57) Tab. VI. Fig. 1. (i).

Leberschlagader, sind sehr fein, und verlieren sich in die Substanz dieses Eingeweides.

IV. Nimmt man die Blutgefäfse weg, so fallen die aus der Lebersubstanz hervortretenden Gallengänge sogleich ins Auge. Diese bestehen aus dem Lebergang (ductus hepaticus) und dem Lebergallenblasengang (ductus hepatico-cysticus), welche sich auf folgende Weise darstellen.

1) Der Lebergang [58]), nahm seinen Ursprung in der Pforte mit drei Hauptästen [59]), die nach der linken Seite hin die gröfste Länge der Pforte einnahmen. Der vordere und gröfste Ast [60]) lief in gerader Richtung nach dem rechten Lappen, und

58) Tab. VI. Fig. 1. (k). Fig. 2. (c). Beim falco lagopus sah ich keinen ductus hepaticus, fand aber zwei ductus cystici. Bei einem Sperber fehlte gleichfalls ersterer, und letzterer war einfach; doch kann dieses als Abweichung angesehen werden, da ich in andern Vögeln dieser Art einen ductus hepaticus und cysticus bemerkte.

59) Tab. VI. Fig. 2. (d. 1. 2. 3.)

60 Tab. VI. Fig. 2. (d. 1.).

nahm in seinem Laufe nach vorne mehrere kleine Aeste auf. Nach hinten traten die beiden andern Aeste unter einem spitzen Winkel in ihn über. Der kleinste[61] von diesen Aesten endigte sich eine und eine halbe Linie vom Anfange des ersten und gröſsten Astes; der dritte[62]) aber drei Linien mehr nach rechts. Alle drei Aeste bildeten nun in der Mitte der Pforte eine ungefähr vier Linien lange und eine und eine halbe Linie breite Erweiterung[63]), die rechts durch zwei kurze Aeste mit dem Lebergallenblasengang in Verbindung stand. Nach hinten verlief sich endlich diese Erweiterung konisch in den Lebergang, welcher nach hinten und unten gegen das hintere Ende der Gallenblase herabstieg, mit dem er durch Zellgewebe ziemlich genau verbunden war[64]), lief dann noch mehr nach hinten und auſsen über die Bauchspeicheldrüse, wo er sich mit einem kleinen Kanal[65]), der von letzterm herkam, verband, und bog sich wieder nach vorne, durchbohrte end-

61) Tab. VI. Fig. 2. (d2).
62) Tab. VI. Fig. 2. (d3).
63) Tab. VI. Fig. 2. (e).
64) Tab. VI. Fig. 2. (c).
65) Tab. VI. Fig. 1. (u).

lich zwischen den beiden Lappen der Bauchspeicheldrüse die obere Wand der zweiten Lage des Zwölffingerdarmes, und ging nun schräg zwischen den Häuten des Darmes, wodurch ein, eine und eine halbe Linie langer, Wulst [66]) in der Höhle desselben erzeugt wird, in welcher die Oeffnungen des Gallenganges und des Bauchspeicheldrüsenkanals, ungefähr einen halben Zoll hinter der zweiten Biegung des Zwölffingerdarmes, erschienen [67]). Eine jede dieser Oeffnungen, ob sie gleich neben einander lagen, erschien jedoch getrennt.

Die Länge des Leberganges betrug einen Zoll und drei Linien, und der Durchmesser in einem von Galle mäſsig ausgedehnten Zustande eine halbe Linie.

2) Der Lebergallenblasengang [68]) nahm seinen Ursprung in der Pforte nach der rechten Seite hin, mit vier kurzen, aber ziemlich weiten Aesten [69]). Zwei

66) Tab. VI. Fig. 2. (m)

67) Tab. VI. Fig. 2. (u. v.)

68) Tab. VI. Fig. 1. (l), Fig. 2. (h)

69) Tab. VI. Fig. 2. (g. 1. 2. 3. 4.)

derselben lagen beinahe einander gerade gegenüber, nemlich der eine [70]) nach vorne, der andere [71]) nach hinten gekehrt, und erschienen für diesen Kanal als eigenthümlich aus der Lebersubstanz hervortretende Aeste. Sie waren die kürzesten, und ein jeder hielt ungefähr an Länge eine Linie. Die beiden andern waren mehr nach dem linken Lappen gerichtet, und entsprangen aus der Erweiterung, aus welcher auch der Lebergang kam, so daſs die Galle hier frey aus dem einen in den andern von den zwei Hauptgallengängen flieſsen konnte. Diese beiden letzten Aeste waren etwas länger, als die ersten. Der vordere [72]) war zwei Linien lang, und nach vorne gekrümmt. Die Länge des hintern [73]) betrug ungefähr eine und eine halbe Linie, war weiter, und lief mehr gerade. Beide Aeste faſsten zwischen sich einen kleinen, beinahe ovalen Raum [74]), der mit Fett angefüllt war.

70) Tab. VI. Fig. 2. (g2).

71) Tab. VI. Fig. 2. (g3).

72) Tab. VI. Fig. 2. (g1).

73) Tab. VI. Fig. 2. (g4).

74) Tab. VI. Fig. 2. (s).

Endlich liefen alle vier Aeste nach der rechten Seite in einander über, und erzeugten eine konische Erweiterung[75]), deren gröſster Durchmesser eine und eine halbe Linie hielt. Mit dieser nahm nun der Lebergallenblasengang eigentlich seinen Anfang, lief in einer Länge von vier Linien gegen das vordere Ende der Gallenblase, und durchbohrte die obere Wand derselben in einer schiefen Richtung, indem er sich nach hinten bog. — Er war der weiteste von allen Gallengängen, sein Durchmesser betrug eine Linie, wenn er von Galle mäſsig ausgedehnt war.

Die Gallenblase[76]) hat eine beinahe ovale Gestalt. Ihr breites Ende ist nach hinten gekehrt. Sie ruht in einer eigenen, für sie bestimmten Vertiefung an der obern Fläche des rechten Lappens der Leber, ohne mit ihm verbunden zu seyn. Nach unten gränzt sie an die zweite Lage des Zwölffingerdarmes, und an die Bauchspeicheldrüse[77]).

75) Tab. VI. Fig. 2. (h).

76) Tab. VI. Fig. 1. (m). Fig. 2. (i).

77) Ich habe mehrmals bei Hühnern in dem Augenblicke, da ich sie tödtete, gefunden, daſs der Darm und die Bauchspeicheldrüse an den Stellen stark grün ge-

Der Durchmesser der mäſsig angefüllten Gallenblase hielt in der Länge einen halben Zoll und zwei Linien, in der Breite einen halben Zoll und eine halbe Linie, und ihr Gewicht nebst der in ihr enthaltenen Galle betrug zwei Scrupel.

Der Gallenblasengang [78]) entsprang von dem vordern Ende der Gallenblase, etwas nach unten, und beinahe in gerader Richtung mit dem Eingange des Lebergallenblasenganges. Er neigte sich nun nach hinten gegen den Zwölffingerdarm, und durchbohrte in der zweiten Biegung schräg die Häute desselben, wodurch ein zweiter länglichter Wulst in seiner Höhle gebildet wurde, welcher dem ersten gerade gegenüber stand, allein nur mit einer einzigen Oeffnung versehen war [79]). Er lag vom vorigen ungefähr einen halben Zoll entfernt. Der ganze Kanal war

färbt erschienen, welche an die Gallenblase gränzten. Spricht diese Beobachtung nicht für ein Durchschwitzen der Galle im noch lebenden Zustande des Thiers?

78) Tab. VI. Fig. 1. (n). Fig. 2. (k).

79) Tab. VI. Fig. 2. (l).

fünf Linien lang, und von derselben Weite, wie der Gallengang.

§. 28.

Endlich sieht man auf der obern Fläche der Leber nach vorne hin einen länglichten Wulst[80]), der dadurch entsteht, daſs die hindurchlaufende Hohlader die Lebersubstanz hervortreibt.

§. 29.

Die untere Fläche der Leberlappen, welche der vordern bei den Säugethieren entspricht, ist convex, und besonders am linken Lappen die gröſste von allen übrigen. Sie sieht nach dem Brustknochen, nach den Rippen, und nach einem kleinen Theil der Bauchmuskeln hin. Die vordere Fläche eines jeden Lappen ist von allen dreyen die kleinste, und in der Mitte mit einer länglichen kleinen Rinne versehen. Nach hinten stoſsen die vordern Flächen von beiden Lappen gegen einander, sind aber durch das erwähnte mediastinum getrennt. Vorn bilden sie eine gemeinschaftliche Höhle, welche die Spitze des Herzens aufnimmt, und sich nach der Convexität dieses Eingeweides richtet.

80) Tab. VI. Fig. 1. (f).

§. 30.

Die Milz [81]) liegt am meisten nach der rechten Seite hin, unter dem Rückgrad, und berührt den eigentlichen Magen, den Vormagen (bulbus glandulosus), den Anfang des Zwölffingerdarmes, die Gallenblase und die Leber. Sie hat eine beinahe nierenförmige Gestalt. Der convexe Rand stöſst an die beiden Magen, der etwas ausgehöhlte sieht nach der Leber, und in diesen laufen die Gefäſse, welche sich durch eine verhältniſsmäſsig beträchtliche Gröſse auszeichnen, in die Milz hinein, und treten aus ihr wieder hervor.

Die Substanz der Milz war beinahe fleischartig, und die Structur fein und schwammig.

Ihre Länge betrug einen halben Zoll und eine halbe Linie, die Breite und Dicke drei Linien, das Gewicht einen Scrupel.

§. 31.

Die Bauchspeicheldrüse [82]) bestand aus zwei länglichen, beinahe triangulairen, ei-

81) Tab. IV. Fig. 1. (k). Tab. VI. Fig. 1. (t). Fig. 2. (q).

82) Tab. IV. Fig. 3. (i. k.). Tab. VI. Fig. 1. (pqrs). Fig. 2. (pp).

nen Zoll langen Lappen, die den Anfang der zweiten Lage des Zwölffingerdarmes zwischen sich faſsten [83]). Nach vorne waren sie zum Theil von der Leber bedeckt, und verliefen sich hier bogenförmig [84]) in einander.

Der untere Lappen [85]) war am breitesten, der obere [86]) dagegen mit einem, einen Zoll und zwei Linien langen, wurmförmigen Fortsatz [87]) versehen, der sich in ein knotiges Ende verlief, das durch Zellgewebe mit dem ausgehöhlten Rand der Milz verbunden war. Ich fand drei Bauchspeicheldrüsengänge, nemlich zwei für den untern Lappen, von denen der eine [88]) sich mit dem Lebergang, der andere [89]) mit einem ähnlichen [90]) aus dem andern Lappen der Bauchspeicheldrüse verband, und sich nun im Zwölffingerdarm auf die oben erwähnte Art endigten.

83) Tab. IV. Fig. 3. (ik).

84) Tab. VI. Fig. 1. (s).

85) Tab. VI. Fig. 1. (r).

86) Tab. VI. Fig. 1. (p).

87) Tab. VI. Fig. 1. (q).

88) Tab. VI. Fig. 1. (u).

89) Tab. VI. Fig. 1. (w).

90) Tab. VI. Fig. 1.)x).

Die Substanz der Bauchspeicheldrüse war weifslich, und etwas ins Gelbe übergehend. Sie hatte fast die Consistenz und das äufsere Ansehen, wie die Milch bei den Fischen. Sie wog vierzehn Gran.

Zweite Abtheilung.

Vergleichung der Verdauungswerkzeuge der Säugethiere und Vögel, zur genauen Zootomischen Kenntniſs dieser Thier-Klassen, und insonderheit zur Bestimmung des Unterschiedes zwischen den Pflanzenfressenden, Fleischfressenden und Allesfressenden Säugethieren und Vögeln.

Aus meiner bisher gegebenen anatomischen Beschreibung der Verdauungswerkzeuge einzelner Thiere, welche die Naturforscher mit dem Namen der Fleischfressenden, der Pflanzenfressenden und Allesfressenden belegen, erhellet, daſs unter den angeführten Thier-Klassen, besonders bei den zwei ersten, sowohl der Säugethiere, als der Vögel, ein sehr beträchtlicher Unterschied obwalte. Ob aber derselbe so wichtig sey, daſs er ein Thier zu einer gewissen Lebensart gleichsam nöthige, ob nicht vielmehr dasselbe, durch Umstände gezwungen, eine andere Lebensart ergreifen könne, werde ich in der Folge genauer zu beantworten suchen.

Um zugleich die Verschiedenheit der Verdauungswerkzeuge zwischen den Säugethieren und

Vögeln unter sich bestimmen zu können, glaube ich am besten die Vergleichung auf diese Art anzustellen, daſs dabei der zuerst auf die Säugethiere allein Rücksicht genommen wird, dann diese mit den Vögeln, und endlich letztere unter sich verglichen werden. Daraus werden sich alsdann die mannigfaltigen Unterschiede auf das deutlichste, und gewissermaſsen von selbst ergeben.

I.

Vergleichung der Speiseröhre im Allgemeinen.

Nimmt man zuerst auf die Weite dieses Kanals, wenn er mäſsig aufgeblasen ist, im Allgemeinen Rücksicht, so wird man folgendes finden [1]):

---

1) Um mit einem Blick die verhältniſsmäſsige Gröſse und Schwere der Verdauungswerkzeuge der beschriebenen Thiere übersehen zu können, füge ich hier die körperliche Gröſse und das Gewicht derselben hinzu:

I. Bei dem Pferde war:

1. Die Höhe — — 5 Fuſs.

I. Beim Pferde betrug die Weite der Speiseröhre — 1 Zoll 6 Linien.

Die Länge vom Schultergelenke bis zum After — — 5 Fuſs 3 Zoll.

Die Länge von der Spitze der Schnauze bis zum After — 8 Fuſs 9 Zoll.

Das Gewicht des Pferdes und des Rindviehes kann ich nicht bestimmen, da ich keine Gelegenheit hatte, sie zu wägen. *Daubenton* setzt die Schwere eines Pferdes, das eine Höhe von 4 Fuſs 5 Zoll hatte, zu 400 Pfund, und eines fetten Ochsen zu 600 Pfd. In Rücksicht des Pferdes scheint mir doch das Gewicht zu gering zu seyn.

II. Das Rindvieh war von mittler Gröſse.

III. Bei dem Hunde war:

Die Höhe — 1 Fuſs 3 Zoll.

Die Länge von dem Schultergelenke bis zum After — 1 Fuſs 8 Zoll.

Die Länge von der Spitze der Schnauze bis zum After — 2 Fuſs 5 Zoll.

Er wog — — 12 Pfd.

IV. Bei dem Schweine war:

Die Höhe — 2 Fuſs.

II. Beim Rindvieh betrug die Weite der Speiseröhre — 2 Zoll 3 Linien.

III. — Hunde — 6 —

Die Länge von dem Schultergelenke bis zum After — 2 Fuſs 9 Zoll.

Die Länge von der Spitze der Schnauze bis zum After — 3 Fuſs 9 Zoll.

Es wog — — 100 Pfd.

V. Der Mensch war erwachsen und von mittler Gröſse.

VI. Bei dem Habicht war:

Die ganze Länge des Vogels 1 Fuſs 9 Zoll.

Die Länge, den Schwanz und Schnabel ausgenommen — 1 Fuſs.

Die Weite mit ausgespannten Flügeln — — 4 Fuſs 6 Zoll.

Er wog — 2 Pfd. 9½ Loth.

VII. Bei dem Huhne war:

Die ganze Länge — 1 Fuſs 7 Zoll.

Die Länge, den Schnabel und Schwanz ausgenommen — 1 Fuſs 1 Zoll.

Die Weite mit ausgespannten Flügeln — 2 Fuſs 4 Zoll.

Es wog — 1 Pfd. 20 Loth.

IV. Beim Schweine betrug die Weite der Speiseröhre	—	—	10½ Linien.
V. — Menschen	—	9	—
VI. — Habicht	—	8	—
VII. — Huhn	—	6	—
VIII. — Raben	—	6	—

A.

Vergleichung der Speiseröhre bei den Säugethieren in Rücksicht ihrer Weite.

Betrachtet man an den angeführten Säugethieren die Weite der Speiseröhre in Rücksicht

---

VIII. Bei dem Raben war:

Die ganze Länge	—	1 Fuſs 2 Zoll.
Die Weite mit ausgespannten Flügeln	—	2 Fuſs 2 Zoll 3 Linien.
Er wog	— —	18 Loth.

auf das Verhältnifs der ganzen Körpergröfse, so scheint sie beim Hunde am beträchtlichsten zu seyn. Auch scheint überhaupt die Erfahrung zu bestätigen, dafs die Fleischfressenden Thiere eine weitere Speiseröhre haben, indem es bekannt ist, dafs dieser Kanal bei dem Wolfe und andern gierig schlingenden Raubthieren von sehr beträchtlicher Weite ist.

Unter den von mir verglichenen Säugethieren dagegen, die blofs von Vegetabilien leben, fand ich die Speiseröhre beim Rindvieh am weitesten. Diese gröfsere Weite ist auch wohl nothwendig, um das rauhe, wenig zerkaute Futter leichter zu verschlucken.

B.

Vergleichung der Speiseröhre bei den Säugethieren in Rücksicht ihres Baues.

Auch in Ansehung des Baues zeigt sich bei den verschiedenen Thieren einiger Unterschied.

Beim Rindvieh sind die Muskelfasern am stärksten, und mehr spiralförmig gewunden. Letzteres ist in den Säugethieren weniger sichtbar, und im Menschen findet man es gar nicht.

Der innere Ueberzug oder die Epidermis verhält sich gleichfalls verschieden. Beim Pferde und dem Rindvieh war sie von dicker Beschaffenheit, weniger dick beim Schweine, dünner beim Hunde, und am dünnsten beim Menschen.

C.

Vergleichung der Speiseröhre bei den Vögeln mit der bei den Säugethieren.

Die Vögel besitzen überhaupt eine weitere Speiseröhre, als die Säugethiere, ja sie ist bei ihnen weiter, als der Darmkanal, und steigt an der rechten Seite der Luftröhre herab.

Ihre Schleimdrüsen schienen mir im Allgemeinen stärker und sichtbarer zu seyn.

Die Muskelhaut schien mir auch in Rücksicht der Lage der Fasern bei den Vögeln, von der bei den Säugethieren abzuweichen; nemlich bei erstern die cirkelförmige nach aufsen, die longitudinelle nach innen zu liegen.

Besonders zeichnet sich dieser Kanal bei vielen Vögeln durch den Kropf auffallend aus [2]), dessen Nutzen wahrscheinlich darin besteht, dafs er das Futter eine längere Zeit aufbewahre, durch seine abgeschiedenen Feuchtigkeiten [3]) erweiche, und zur fernern Auflösung

---

2) Unter den Würmern wird auch bei vielen Schalthieren der Schlund wie zu einem Kropfe oder Vormagen erweitert. *Blumenbach's* Handb. der vergl. Anat. p. 161.

3) Ich sah öfters bei getödteten Hühnern, dafs das Futter nach einem Aufenthalte von mehreren Stunden mit einer beträchtlichen Menge eines stark säuerlich riechenden Saftes durchdrungen war, al-

geschickter mache. Daher konnte man ihn in dieser Rücksicht als einen ersten Magen ansehen.

Es scheint der Kropf, so weit es bis jetzt die Erfahrung gelehrt hat, nur bei den Landvögeln vorhanden zu seyn, und selbst unter diesen nicht einmal bei allen. Am häufigsten sieht man ihn bei den Körnerfressenden Vögeln.

Man kann die Frage aufwerfen, ob dieser Theil zur Verdauung unumgänglich nothwen-

---

lein gleich nach der Aufnahme der Körner war dieser Saft gar nicht zu bemerken, auch das Futter nicht gequollen, sondern trocken. Hieraus scheint zu erhellen, dafs die Absonderung der Säfte im Kropfe durch den Reiz des Futters sehr merklich vermehrt werde.

Bei zwei Hühnern, wovon ich das eine mit Gerste, das andere mit Fleisch futterte, fand ich alle Zeit, dafs beim ersten das Futter sich eine längere Zeit im Kropfe, ungefähr sechszehn bis zwanzig Stunden aufhielt, beim letztern hingegen nur acht bis zehn Stunden, obgleich es jedesmal mehr als doppelt so viel frafs.

dig sey? Bei den Fleischfressenden und Allesfressenden Vögeln scheint er es nicht zu seyn, weil er bei mehreren derselben fehlt. So fand ich ihn nicht bei der Eule, dem Raben und Eisvogel, so wie er auch bei mehreren andern nicht vorhanden ist.

Auch bei denjenigen Körnerfressenden Vögeln, die ihre Jungen nicht aus dem Kropfe ätzen, scheint er eine weniger wichtige Rolle bei der Verdauung zu spielen *).

---

4) Einige Versuche, die ich in dieser Absicht anstellte, um zu sehen, in wie fern der Kropf Antheil an diesem Geschäfte nehme, will ich hier kurz anführen, indem sie den obigen Satz zu bestätigen scheinen. Ausführlicher werde ich vielleicht bei einer andern Gelegenheit dem gelehrten Publicum von diesen Versuchen Bericht abstatten.

Den ersten Versuch machte ich mit einem Huhne Die Operation selbst verrichtete ich auf folgende Art. Nachdem ich die äufsere Haut durchgeschnitten und den Kropf von den nahe liegenden Theilen sorgfältig abgesondert hatte, unterband ich ihn an der Stelle, wo er von der Speiseröhre ausgeht, und schnitt ihn unter dem Bande ab.

Nach zwei Tagen hatte das Huhn die Ligatur abgerissen, und es blieb da, wo der Kropf abge-

Für diejenigen dagegen, welche ihre Jungen auf diese Art ernähren, scheint der Kropf

---

schnitten war, eine Oeffnung von ungefähr einem halben Zoll Weite übrig, obgleich sich die Muskelhaut des Kropfes sehr stark zusammengezogen und die Oeffnung sich beträchtlich verringert hatte. Durch diese Wunde fiel nun in den ersten Tagen der gröfste Theil des gefressenen Futters wieder hervor.

Nach vierzehn Tagen war die Wunde sowohl in der Haut, als an der Speiseröhre beträchtlich verkleinert, so dafs die Weite in der letztern kaum drei Linien betrug. Nach Verlauf von vier Wochen war die Wunde gänzlich geheilt, sowohl in der Speiseröhre, als in der Haut.

In den ersten acht Tagen nach der Operation futterte ich das Huhn mit Gerste, wovon es täglich im Durchschnitt ungefähr vier Loth genofs, diejenigen Körner nicht eingerechnet, welche durch die Oeffnung hervorfielen, und die ich aufsammelte und wog. In dieser Zeit magerte es beträchtlich ab, verlohr ungefähr zwölf Loth von seinem Gewichte, was den fünften Theil seiner Schwere ausmachte; indem das volle Gewicht vorher sechszig Loth betrug. Uebrigens zeigte es dieselbe Munterkeit.

durchaus unentbehrlich zu seyn, indem er die verschluckten Speisen so zubereitet, daſs sie

---

Nachher ernährte ich es vierzehn Tage hindurch mit Brodkrumen. Es fraſs davon in den ersten acht Tagen ohngefähr acht Loth, in den übrigen sechs Loth. Dieser Unterschied rührte wahrscheinlich daher, daſs es zuerst mehrere Nahrungsmittel durch die Wunde verlohr. In diesen vierzehn Tagen nahm es an Gewicht um vier Loth ab. Hierauf gab ich ihm wieder vierzehn Tage hindurch Gerste, wovon es täglich ungefähr sechs Loth genoſs, und wobei es von seinem Gewichte acht Loth verlohr. Nun futterte ich es aufs neue zwölf Tage hindurch mit Brodkrumen; es fraſs täglich an sechs Loth, und sein Gewicht nahm in dieser Zeit vier Loth zu. Diesen Versuch konnte ich leider nicht weiter verfolgen, indem meine Abreise von Göttingen mich daran verhinderte.

Einen ähnlichen Versuch stellte ich in den letzten vierzehn Tagen meines Aufenthalts daselbst an einem andern Huhne an. Nach weggenommenem Kropfe aber nähete ich die Oeffnung sowohl an der Speiseröhre, als an der Haut zu. Es befand sich wohl, und wurde die ganze Zeit hindurch mit Brodkrumen gefuttert, wovon es täglich im Durchschnitt sechs und ein halb Loth fraſs, und nur neun Loth von seinem Gewichte verlohr.

für die Jungen verdaulicher werden. Daher sieht man ihn in dieser Zeit auch auffallend verändert. Die Schleimdrüsen sind merklich angeschwollen, fallen an der äufsern und innern Fläche des Kropfes stark ins Auge, und geben

---

Bei meiner Abreise war die Wunde beinahe völlig zugeheilt.

Diese beiden Versuche scheinen zu beweisen, dafs der Kropf auch nicht bei allen Pflanzenfressenden Vögeln so nothwendig sey, um das Leben zu erhalten. Freilich magerte das erste Huhn in den ersten vierzehn Tagen beträchtlich ab. Dieses scheint aber theils eine Folge der Operation zu seyn, theils von der plötzlichen Veränderung in der Verdauung herzurühren.

Bei dem Genufs der Brodkrumen verlohr es weniger von seinem Gewicht. Wie ich ihm aufs neue Gerste gab, magerte es nicht mehr so stark ab, als das erstemal, und zuletzt nahm es beim Genufs der Brodkrumen sogar zu. Es scheint also, dafs, nachdem das Huhn den Eindruck der Operation überwunden, und das Verdauungsgeschäft sich an die Abwesenheit des Kropfes gewöhnt hatte, jetzt die Verdauung leichter und besser von statten ging, und beim zweiten Genufs der Gerste auch diese besser verdaut wurde.

eine beträchtliche Menge Schleim her [5]).

D.

Vergleichung der Speiseröhre unter den Vögeln selbst.

Vergleicht man die Speiseröhre der Vögel unter sich selbst, so findet man gleichfalls einen

---

5) In diesem Zustande fand ich sie bei zwei alten Tauben, Tab. V. Fig. 2. (c c). Fig. 3. (d)., die acht Tage hindurch die Jungen gefuttert hatten; da die Drüsen hingegen bei einer andern, die keine Jungen hatte, klein und kaum bemerkbar waren. Auch fand ich bei den erstern die innern Häute stark zusammengezogen. Sie bildeten viele schlangenförmige Falten, Tab. V. Fig. 3. (c)., welche die Drüsen nach innen verbargen; dehnte ich aber die Häute aus, so verschwanden die Runzeln, und die Drüsen wurden sichtbar. Gleichfalls sah ich die Blutgefäſse stärker an der äuſsern Oberfläche des Kropfes ausgedehnt und von Blut strotzend. Tab. V. Fig. 2. (d. d.).

merkbaren Unterschied. Beim Habicht und andern Raubvögeln erscheint sie am weitesten, daher können sie ganze abgerissene Stücke Fleisch, oder Knochen, ja sogar ganze Fische verschlucken [6]), und mit Leichtigkeit das sogenannte Gewölle wieder auswerfen. Die Schleimdrüsen hingegen fand ich beim Huhn stärker und sichtbarer [7]). Auch ist der Kropf sowohl in Rücksicht der Gestalt, als auch der Gröfse verschieden. Beim Habicht zeigt er eine länglicht runde Gestalt [8]) und hielt beim Falco palumbarius im mäfsig aufgeblasenen Zustande drei Zoll drei Linien Länge, und ein Zoll neun Linien Tiefe [9]). Am Huhn er-

---

6) Ein merkwürdiges Beispiel dieser Art erzählt Herr Hofrath *Blumenbach*, im Handb. der vergl. Anat. p. 142., der es oft sah, wie eine Seemöve (Larus tridactylus) lange Knochen verschlang.

7) Tab. IV. Fig. 2. (a. b.).

8) Tab. IV. Fig. 1. (b).

9) Beim Falco lagopus war die Tiefe und Weite zwei Zoll vier Linien.

scheint er beinahe kugelförmig[10]), drei Zoll vier und eine halbe Linie lang, und zwei Zoll neun Linien tief. Auch schien mir bei letzterem die Muskelhaut an diesem Theile stärker zu seyn.

Bei manchen von denjenigen Vögeln, die ihre Jungen aus dem Kropfe futtern, wie z. B. bei der Taube, besteht derselbe aus zwei ovalen Säcken[11]), die aber in eine gemeinschaftliche Höhle[12]) übergehen, auch scheint er bei diesen einen weit größern Umfang zu haben.

Die Speiseröhre des Raben kömmt der der Fleischfressenden Vögel am nächsten; denn theils fehlt der Kropf, was auch oft der Fall bei letztern ist, theils ist er im Verhältniſs der körperlichen

---

10) Tab. IV. Fig. 2. (b).

11) Tab. V. Fig. 2. (b. b.).

12) Tab. V. Fig. 3. (b. b.).

Gröfse des Raben zu der des Huhns weiter, als bei letzterem.

II.

Vergleichung des Magens im Allgemeinen.

Stellt man eine Vergleichung des Magens der beschriebenen Thiere an, so wird man in Rücksicht der Gröfse, der äufsern Gestalt und des Baues, mehrere Verschiedenheiten bemerken.

Die Gröfse des Magens erschien auf folgende Weise.

I. Bei dem Pferde war im aufgeblasenen Zustande:

Die Länge der grofsen Krümmung	3 Fufs	$9\frac{1}{2}$ Zoll
— — der kleinen	—	7 —
Der Durchmesser von der kleinen zur grofsen Krümmung		10 —
Der Durchmesser von einer Wand zur andern		$9\frac{1}{2}$ —
Der ganze Umfang des Magens	$4\frac{1}{2}$ Fufs	

II. Bei dem Rindvieh [13]):

Die Länge des Panzen	3 Fuſs	
Die Breite — —	2 —	
Die Länge der Haube	1 —	8 Zoll
Die Breite — —		12 —
Der Durchmesser des Psalter		12 —
Die Länge des Rhoms	2 —	5 —
Die Breite — —		8 —

III. Bei dem Hunde [14]):

Die Länge der groſsen Krümmung	1 —	8 —

---

13) Beim Hirsch: (*Daubenton* T. VI.)

Die Länge des Panzen	1 Fuſs	5 Zoll	
— Breite —	1 —	6 —	
— Länge der Haube		7 —	

Beim Dromedar: (*Daubenton* T. XI.)

Die Länge des Panzen	2 —	2 —	
— der Haube		4 —	6 Lin.
— des Psalter	2 —		

14) Beim Wolf: (*Daubenton* T. VII.)

Die Länge der groſsen Krümmung	9 —	2 —

Die Länge der kleinen Krümmung		7 Zoll
Der Durchmesser von einer Wand zur andern		$4\frac{1}{2}$ —
Der Durchmesser von der kleinen zur grofsen Krümmung		$5\frac{1}{2}$ —
Der ganze Umfang des Magens	2 Fufs	$5\frac{1}{2}$ —

IV. Bei dem Schweine:

Die Länge der grofsen Krümmung	2 Fufs	6 Zoll
Die Länge der kleinen Krümmung		8 —
Der Durchmesser von der kleinen zur grofsen Krümmung		$6\frac{1}{2}$ —
Der Durchmesser von einer Wand zur andern		6 —
Der ganze Umfang des Magens	3 —	$3\frac{1}{2}$ —

V. Bei dem Menschen:

Die Länge der grofsen Krümmung	2 Fufs	$2\frac{1}{2}$ —

Beim Fuchs:

Länge der grofsen Krümmung 1 Fufs 4 Zoll

Die Länge der kleinen Krümmung		9 Zoll
Der Durchmesser von der grofsen zur kleinen Krümmung		$3\frac{1}{2}$ —
Der Durchmesser von einer Wand zur andern		$4\frac{1}{4}$ —
Der ganze Umfang des Magens	3 Fufs	2 —

VI. Bei dem Habicht:

Die Länge des Magens war im aufgeblasenen Zustande	1 Zoll	7 Linien
Die Breite	1 —	8 —
Die Tiefe	1 —	2 —
Die Länge des Vormagens	1 —	9 —
Die Breite	1 —	4 —
Die Tiefe	1 —	2 —

VII. Bei dem Huhn:

Die Länge des Magens	2 Zoll	2 Linien
Die Breite	2 —	
Die Tiefe	1 —	6 —
Die Länge des Vormagens im aufgeblasenen Zustande	1 —	3 —
Die Breite		9 —

VIII. Bei dem Raben:

Die Länge und Breite des Magens hielt im aufgeblasenen Zustande:	1 Zoll $4\frac{1}{2}$ Linie
Die Tiefe	$9\frac{1}{2}$ —
Die Länge des Vormagens	9 —
Die Breite	$5\frac{1}{2}$ —

A.

Vergleichung des Magens bei den Säugethieren in Rücksicht seiner Gröſse.

Aus der Angabe der Maaſse sieht man deutlich, daſs die Capacität dieses Eingeweides in den Thieren sich verschieden zeige.

Bei dem wiederkauenden Rindvieh hat der Magen überhaupt den gröſsten Umfang. Bei dem Pferde ist er, wenn man auf die Gröſse des ganzen Thieres Rücksicht nimmt, verhältniſsmäſsig nicht so beträchtlich, als beim Hunde, dem Schweine oder dem Menschen; und der Magen des Schweines auch wieder verhältniſsmäſsig kleiner, als der des Hundes.

Hieraus scheint zu erhellen: dafs der Magen der fleischfressenden Thiere die gröfste Capacität besitze, und dann der Magen der allesfressenden, des Menschen, und der pflanzenfressenden Thiere, die wiederkauenden ausgenommen, folge.

Indessen bleibt dieser Schlufs so lange ungewifs und schwankend, bis man noch keine grofse Reihe von Thieren aus diesem Gesichtspunkte untersucht hat, denn die Angaben der Gröfse vom Magen mehrerer Säugethiere, welche *Daubenton* aufgeführt hat, scheinen noch nicht hinlänglich zu seyn, aus ihnen allgemeine Schlüfse abzuleiten.

B.

Vergleichung des Magens bei den Säugethieren in Rücksicht der äufsern Gestalt und des Baues.

Untersucht man die äufsere Gestalt und den Bau des Pferdemagens (ein Gleiches findet auch beim Esel statt), so wird man folgendes bemerken: Die Cardia ist vom

Pförtner nur wenig entfernt [15]), daher hat der blinde Sack einen gröfsern Umfang, als bei mehreren andern Säugethieren, vorzüglich bei den fleischfressenden und dem Menschen.

Sollte diese grofse Annäherung beider Oeffnungen sowohl, als der gröfsere Umfang des blinden Sacks nicht auf die Verdauung einen wichtigen Einflufs haben?

Ferner findet man beim Pferde einen wesentlichen Unterschied zwischen dem blinden Sack, und dem übrigen Theile des Magens. Jener übertrifft diesen an Stärke und Dicke, ja es werden beide Theile durch einen von aufsen herablaufenden und sichtbaren Einschnitt so abgesondert, dafs man einen zweifachen Magen vermuthen sollte, der verschiedene Functionen ausübe.

Diese Vermuthung wird durch die Ansicht der innern Oberfläche auch bestätigt. Denn aus meiner anatomischen Beschreibung ergiebt sich, dafs die Gefäfshaut und die Epidermis

---

15) Auffallend zeigt sich auch dieses am Beutelthiere. Blumenbach's Handb. der vergleich. Anatomie, pag. 140.

sich daselbst auf eine doppelte Weise verhalten, indem letztere da, wo sie den blinden Sack überkleidet, dick und hart erscheint [16]), auch wahrscheinlich die thierische Empfindlichkeit der darüber liegenden Gefäfshaut mehr abstumpfe, was aus dem Ansaugen der schon angeführten Larven erhellt; da aber, wo sie den übrigen Theil der Gefäfshaut bedeckt, nur einen feinen Ueberzug [17]) erzeugt, und vielleicht mehrere Empfindlichkeit zuläfst [18]).

Dafs in jenem Theile des Magens, der mit der dickern Epidermis bedeckt ist, ein mechanisches Reiben, um die Verdauung zu befördern, statt finde, so wie es *Bertin* annimmt, scheint mir nicht wahrscheinlich zu seyn, indem dieser Sack für solche Bewegung zu schwach erscheint, wenn man ihn mit dem derben Magen der körnerfressenden Vögel vergleicht. Auch könnten sich alsdann jene Lar-

---

16) Tab. II. Fig. 2. (A).

17) Tab. II. Fig. 2. (B).

18) Diesen Unterschied wird man auch an dem Magen vieler Thiere bemerken, die, ohne wiederzukauen, von mancherlei rohen Pflanzen leben.

ven [19]) dort nicht erhalten. Sollte er nicht vielmehr, wenn man auf seine Funktion Rücksicht nimmt, die gröfste Aehnlichkeit mit dem Psalter der wiederkauenden Thiere haben, der das schon gekauete Futter aufnimmt, ferner verarbeitet, und es dem Rhom überliefert? Denn da das Pferd sein Futter schon gut zerkaut verschluckt, so bedurfte es wohl nicht die erste und zweite Abtheilung des Magens der wiederkauenden Thiere, sondern blofs einer solchen Abtheilung, die mit der dritten und letztern übereinstimmt. Was für Veränderungen aber das Futter hier erleide, wie lange es an diesem Orte verweile, ob ferner der Magen während der Verdauung an seinem innern zackigen Rande [20]), der durch die verdickte Epidermis erzeugt wird, sich verenge, ob und was für ein Saft im blinden Sack abgesondert werde, alle diese Fragen mufs ich wegen Mangel der Erfahrung und der Gelegenheit, Versuche anzustellen, unbeantwortet lassen [21]).

---

19) Tab. II. Fig. 2. (D).

20) Tab. II. Fig. 2. (C).

21) Sie verdienen indessen allerdings der Aufmerksamkeit der Physiologen.

Setzt man den Magen des Schweines mit dem des Pferdes in Vergleichung, so wird man finden, dafs beide in Ansehung der Lage der Oeffnungen, in Rücksicht des Magengrundes, der beinahe die Hälfte desselben ausmacht, der Gröfse und der Ansicht der innern Oberfläche sehr mit einander übereinstimmen. Allein beim Magen des Schweines erstreckt sich die verdickte Epidermis nicht so weit gegen den Pförtner, und es scheint hier ein Uebergang in die Klasse der Fleischfressenden Säugethiere statt zu finden.

Vergleicht man endlich den Magen des Pferdes mit dem des Hundes und des Menschen, so wird man, aufser der schon angegebenen verschiedenen Gröfse, auch in Rücksicht der äufsern Gestalt und des Baues, an diesen einen grofsen Unterschied bemerken. Denn am Magen des Hundes und des Menschen ist die kleine Krümmung verhältnifsmäfsig länger, die Cardia vom Pförtner mehr entfernt, der blinde Sack kürzer [22]); und auf der

22) Im Meerkalbe (Phoca vitulina) fehlt der Magen-

innern Oberfläche erscheint blofs ein einfacher, gleichförmiger und feiner Ueberzug. Auch bedurfte wohl weder der Hund, noch der Mensch einer so künstlichen Einrichtung des Magens, um die Speisen zu verdauen. Der Mensch geniefst zwar Vegetabilien, aber welche und wie? Alle sind von der Beschaffenheit, dafs sie auch unzubereitet leicht verdaulich sind. Die Früchte sind saftvoll, die Salat-Arten weich, und die Gemüse und Hülsenfrüchte werden durch die künstliche Zubereitung so verändert, dafs sie leichter aufgelöset werden können. Ueberhaupt sind alle Vegetabilien, deren sich der Mensch zur Nahrung bedient, von der Beschaffenheit, dafs die Verdauung gleich ihren Anfang nehmen kann. Die Fleischspeisen endlich stimmen mit der thierischen Natur so überein, dafs sie am wenigsten eine zusammengesetzte Einrichtung des Magens erfordern, um dem Körper beigemischt zu werden.

So verhält es sich auch mit dem Hunde. Er ist im wilden Zustande ein fleischfressendes

grund ganz, und die Speiserohre tritt am linken Ende des Magens ein.

Thier, und bedurfte bloſs eines einfachen Magens, um seine Nahrungsmittel zu verarbeiten. Im gezähmten Zustande führt er mit dem Menschen eine fast gleichförmige Nahrungsart, und die Vegetabilien, woran er von Jugend auf gewöhnt wird, genieſst er nicht roh, sondern wie der Mensch, zubereitet.

Sieht man endlich auf den Magen der wiederkauenden Thiere, und setzt ihn mit dem anderer Pflanzenfressenden Thiere in Vergleichung, so findet man einen wesentlichen Unterschied, sowohl in Ansehung der Gestalt, als des innern Baues.

Er ist bei den erstern in mehrere Fächer abgetheilt, die durch Oeffnungen unter sich in Verbindung stehen, und beinahe als verschiedene Magen angesehen werden konnten. Die Zahl der Abtheilungen ist aber bei dieser Klasse von Thieren sich nicht gleich. Beim Rindvieh, dem Büffel, dem amerikanischen Stier, dem Schaafe, der Ziege, dem Rennthiere und mehreren andern findet man einen vierfachen, ja beim Dromedar einen fünffachen Magen; indem neben dem ersten ein eigenes Behältniſs zum Aufbewahren des Wassers liegt [23]), das durch sein fächeriges Ansehen von den übrigen abweicht. In dem Steinbock und der Gemse sieht man nur einen dreifachen Magen, indem die erste und zweite Abtheilung eine allgemeine Höhle bilden.

Indessen beobachtet man auch bei mehreren Pflanzenfressenden Säugethieren, die nicht wiederkauen, einen distinkten mehrfachen Magen. So besteht er beim Hamster aus zwei, beim Känguruh und dem Bisamschwein aus dreien, bei dem Faulthiere aus vier Abtheilungen [24]). So findet man den Magen beim Haasen [25]) und Kaninchen

---

23) *Daubenton* T. XI. T. 14. 15.

24) *Blumenbach* l. c. p. 129.

25) Denn ob der Haase einer Art des Wiederkauens unterworfen sey, ist bis jetzt noch nicht hinlänglich dargethan. Indessen ist es merkwürdig, dafs man manche Theile am Haasen mit denen der wiederkauenden Thiere übereinstimmend antrifft. (*Blumenbach's* Handb. der vergl. Anat. p. 27. 60. 188. 207. 208). Nemlich die foramina palatina sind sehr grofs; man findet die tiefen Gru-

durch eine klappenförmige Verlängerung der innern Häute gleichsam in zwei Theile abgesondert. Auch bei den Cetaceen findet man am Magen Abtheilungen. Gleichfalls bei einigen Insecten, z. B. bei der Maulwurfsgrille.

Hieraus scheint zu erhellen, dafs man nicht bei allen Thieren das Geschäft des Wiederkauens antreffe, wenn auch der Magen in meh-

---

ben an der Aufsenseite der Oberkiefer, neben den Nasenbeinen; ferner die sinus sebacei, die processus transversi der Lendenwirbel und die Urinblase zeichnen sich durch ihre Gröfse sehr aus; und endlich neben den Genitalien liegen die antra inguinalia. Auch will man Haasen angetroffen haben, deren Kopf mit einem Geweihe versehen gewesen seyn soll. Wäre dies wirklich der Fall, so könnte man noch mehr verleitet werden, eine Art von Wiederkauen anzunehmen; denn ein wahres Wiederkauen mögte deshalb wohl nicht statt finden können, weil die Einrichtung des Magens und die Insertion der Speiseröhre von der der eigentlich wiederkauenden Thiere beträchtlich abweicht.

rere Höhlen zerfällt, sondern dafs es im Gegentheil nur bei solchen bemerkt werde, wo der Magen einen eigenen Bau zeigt, und die Speiseröhre sich in ihm auf eine eigenthümliche Art endigt. Ja ich sollte fast behaupten, dafs da, wo sich die Speiseröhre auf gewöhnliche Weise endigt, ein wahres Wiederkauen nicht statt finde, wenn gleich der Magen mehrere Abtheilungen besitzt [26]).

* * *

---

26) Sieht man auf den Zweck des Wiederkauens, so besteht er wahrscheinlich darin, dafs das schnell niedergeschluckte Futter aufs neue zerkaut und zur fernern Verdauung geschickter gemacht werde. Die wiederkauenden Thiere zermalmen zum erstenmal die Kräuter nur wenig, vermischen sie nicht mit viel Speichel, und schlucken sie schnell nieder. Im Panzen, wohin das Futter zuerst gelangt, scheint es einer geringen Maceration unterworfen zu seyn; weswegen auch diese Abtheilung des Magens in Rücksicht der Function Aehnlichkeit mit dem Kropf der körnerfressenden Vögel zu haben scheint. Zieht sich nun der Panzen zusammen, so treibt er das Futter in die Haube. Der Grund, warum durch das Zusammenziehen dieser Abtheilungen des Magens das Futter nicht in den Psalter übergeht, scheint

Werfen wir nun einen allgemeinen Blick auf das bisher Gesagte, so drängen sich uns folgende Bemerkungen auf:

---

darin zu liegen, dafs die vordere Oeffnung des letztern zu klein ist, und dem noch groben Futter keinen Durchgang verstattet, auch der Halbkanal sich vielleicht verengt, und den Zugang versperrt. Bei den saugenden Kälbern verhält sich daher die Sache anders. Hier geht die Milch gleich in den Psalter über, so wie auch bei dem erwachsenen Thiere das Wasser gleich in diese Abtheilung tritt.

Durch eine eigene Bewegung der Haube wird nun ein kleiner Theil des Futters durch die Speiseröhre ins Maul zurück geführt, daselbst von den Zähnen lange und langsam zermalmet, und aufs neue verschluckt. Dieser Theil geht dann durch den Halbkanal, der sich wahrscheinlich in dem Augenblicke des Herabgleitens in einen vollkommnen Kanal verwandelt, und dadurch verhindert, dafs das gut gekauete Futter nicht in die erste und zweite Abtheilung treten kann, und fällt in den Psalter, der die Verdauung schon mehr zu befördern scheint; denn seine hervorragenden Blätter zerreiben das Futter schon nachdrücklicher, geben, wie es scheint, einen weit stärker wirkenden Saft her, und verändern das Futter so, dafs es einen eigenthümlichen Geruch annimmt. Endlich wird das

Es scheint aus der anatomischen Untersuchung zu erhellen, dafs der Bau des Magens

---

zerkauete Futter dem Rohm oder der vierten Abtheilung überliefert, und vollkommener verdauet. Dieses zeigt offenbar das saugende Kalb, indem die Milch bei ihm in dieser Abtheilung erst gewisse Veränderungen erleidet. (*Hunter* of the animal oeconomy p. 170.)

Das Wiederkauen scheint indessen eine willkührliche Handlung zu seyn, die das Vieh anfangen, unterdrücken und unterlassen kann, und die sich blofs auf die erste und zweite Abtheilung des Magens erstreckt (*Blumenbach's* Handb. d. vergl. Anat. p. 177.). Ja wenn das Rindvieh mit leicht verdaulichen Nahrungsmitteln gefuttert wird, so lehrt die Erfahrung, dafs es eine Zeitlang das Wiederkauen gänzlich vergifst. Diese Bewegung darf man daher nicht mit dem Erbrechen verwechseln.

Es ist sehr merkwürdig, dafs der Mensch, dessen Magen einfach ist, bisweilen einer Art des Wiederkauens unterworfen ist. Ob diese Bewegung des Magens von einem krankhaften Zustande abhänge, oder von Gewohnheit herrühre, ist nicht leicht anzugeben. (*C. Bentschneider* diss. de ruminatione humana. Goett. 1774. 4. *I. Ph. A. Mayer* diss.

sich in den verschiedenen Säugethieren verändert, je nachdem die Nahrungsmittel leichter oder schwerer zu verdauen sind. Die wiederkauenden Thiere verschlucken ein am wenigsten zubereitetes Futter, daher erhielten sie einen Magen, der aus mehreren Höhlen zusammengesetzt ist, eine durch die verdickte Epidermis mehr unempfindliche Beschaffenheit der ersten Abtheilungen des Magens, und die Fähigkeit zu ruminiren. Beim Pferde hingegen und bei andern verwandten Thieren wird das Futter schon mehr zerkaut herab-

---

de ruminatione humana. Erlang. 1792. 8. *J. Buxton* diss. enarrans ruminationis humanae casum. Goett. 1802. 4.) — Letzterer kann man allerdings einige Schuld beimessen. Ich selbst versuchte es einmal, durch Anstrengung des Zwergfells und der Bauchmuskeln mit Gewalt die Speisen aus dem Magen in den Mund zu treiben. Dieses gelang mir mehrere male. Allein es führte auch das Unangenehme mit sich, dafs ich mehrere Tage nachher, so oft ich Speise nahm, eine Neigung spürte, dieselbe wieder heraus zu treiben. Hätte ich diesem Hange nachgegeben, so würde er vielleicht in eine Art des Wiederkauens ausgeartet seyn.

geschluckt, daher erscheint auch der Magen desselben weniger zusammengesetzt, nur behält der erste Theil die verdickte Epidermis, das Wiederkauen hingegen fällt weg.

Beinahe auf gleiche Weise zeigt sich der Bau des Magens beim Schweine, den Mäusen und mehreren Allesfressenden Thieren, nur daſs die verdickte Epidermis sich nicht so weit hinein erstreckt, und nicht so stark und dick bemerkbar ist.

Beim Hunde und andern verwandten Fleischfressenden Thieren, dem Fuchse, Wolfe und der Katze, so wie auch beim Menschen, ist die Einrichtung des Magens die einfachste, und er hat eine mehr längliche Gestalt. Man findet hier keine Zusammensetzungen, keine veränderte innere Oberfläche, und die Epidermis ist dünn, fein, und unterdrückt nicht die Empfindlichkeit der darüber liegenden Gefäſshaut.

Aus diesen Umständen sollte man beinahe schlieſsen, daſs der Magen um desto einfacher, und die innere Oberfläche um desto weicher und feiner erscheine, je mehr die Speisen schon zerkaut und zubereitet eingeführt werden, oder je auflöslicher letztere sind, und daſs im umgekehrten Fall das Gegentheil statt finde. Doch wage ich es eben so wenig aus der Gestalt und dem Bau des Magens, als aus der Gröſse desselben etwas bestimmtes festsetzen zu wollen.

C.

Vergleichung des Magens der Vögel mit dem der Säugethiere.

Stellen wir eine Vergleichung zwischen dem Magen der Vögel und dem der Säugethiere an, so bemerken wir zuerst: daſs derselbe bei erstern durch einen stärkern Bau im Allgemeinen sich vorzüglich auszeichne, und diese solidere Beschaffenheit besonders von der Stärke der Muskelhaut herrühre. Die Fasern derselben zeigen auch eine andere Richtung. Sie nehmen nemlich bei vielen Vögeln, besonders bei den Fleisch- und Insektenfressenden, was ich auch schon bei der anatomischen Beschreibung bemerkt habe, von zwei tendinösen Punkten an der obern und untern Fläche des Magens ihren Ursprung, laufen strahlenförmig zum Umfange desselben aus, und bilden nur eine einzige vollständige Lage; dahingegen bei den Säugethieren mehrere Faserlagen vorhanden sind [27]).

Ferner hat der Magen bei den mehresten Vögeln eine beinahe zirkelrunde, und von oben nach unten plattgedrückte Gestalt, die sich auffallend von der bei den Säugethieren unterscheidet, indem dieselbe mehr länglich und gewölbt ist [28]).

---

27) Sollte deshalb nicht dem Magen der Vögel eine gröfsere Stärke und Dicke der Muskelhaut verliehen seyn, damit durch sie der Abgang der mechanisch wirkenden Kräfte bei der Verdauung ersetzt werde? Denn bei den Vögeln sind die Bauchmuskeln bekanntlich sehr dünn und schwach, und ein wahres muskulöses Zwerchfell fehlt ihnen ganz; und beides wirkt doch mechanisch auf den Magen und befördert die Verdauung.

Sollte bei den Fleischfressenden Vögeln nicht auch eine willkührliche Bewegung des Magens statt finden, um im Stande zu seyn, das Gewölle und die nicht zu verdauenden Knochenstücke auszuwerfen?

28) Zeigt diese runde Form nicht auch auf eine stärkere mechanische Verdauungskraft des Magens, indem die Muskelfasern hier von allen Punkten auf die in der Höhle enthaltenen Nahrungsmittel wirken können?

Auch die beiden Magenöffnungen liegen insgemein bei den Vögeln sehr nahe neben einander, eine Einrichtung, die nur bei sehr wenigen bekannten Säugethieren, z. B. beim Faulthier, statt findet. Daher fehlt auch am Magen der erstern eine deutliche kleine Magenkrümmung.

Ausserdem erscheint bei den meisten Vögeln ein eigenes Organ, nemlich der Vormagen[29]) (bulbus glandulosus), dessen Drüsen viel Schleim absetzen, der vielleicht die Verdauung und Animalisirung des Futters unterstützt. Denn fast scheint es, dass die Drüsen des eigentlichen Magens nicht hinreichten, die gehörige Menge Schleim, die zur Verdauung erforderlich ist, herzugeben, und dass der geringere Umfang des Magens ein eigenes Organ erforderte, diesen Mangel zu ersetzen. Daher ist vielleicht insgemein dieser Theil den

---

29) Beim Eisvogel, den ich hier vor mir habe, und der Güte des Herrn Hofrath *Blumenbach* verdanke, fand ich nicht die geringste Spur eines Vormagens, welches auch mein geschätzter Lehrer in dem Handbuch der vergleichenden Anatom. p. 541. schon bemerkt hat. Dagegen findet man diesen Theil auch bei einigen Säugethieren, z. B. beim Biber, wo er die Grösse eines Guldens besitzt. M. s. desselben Handb. d. v. A. p. 140.

Säugethieren unnöthig, indem der Umfang ihres Magens eine reichliche Quelle dieser Feuchtigkeit darbietet.

D.

Vergleichung des Magens unter den Vögeln selbst.

Stellt man eine Vergleichung des Magens unter den Vögeln selbst an, so bemerkt man zwischen den Fleischfressenden und Pflanzenfressenden einen wichtigen Unterschied. Bei den erstern ist er mehr membranös; bei letztern viel dicker, stärker, und mehr muskulös. Was für eine Derbheit zeigt sich am Magen des Huhns [30]), die dem Magen des Habichts fehlt?

Bei dem Huhn, und so verhält es sich auch bei den übrigen Pflanzenfressenden Vögeln, erblickt man statt einer blofs einfachen Fleischhaut, zwei Paar starke Muskeln [31]), die

30) Bei dem Goldwurm ist der Magen in Rücksicht der Derbheit des Gefüges, dem der Körnerschluckenden Vögel beinahe gleich. *Blumenbach* l. c. p. 161.

31) Tab. IV. Fig. 2. (e).

sich durch ihre Textur, Festigkeit und Farbe von den übrigen Muskeln des thierischen Körpers auffallend auszeichnen. Ihre Zusammenziehungskraft scheint sehr bedeutend zu seyn, und zeigt deutlich an, dafs sie das Zerreiben des Futters am Magen bewirken, und die Verdauung auf diese Art unterstützen, was auch *Reaumur's* zahlreiche Versuche genugsam bestätigen.

Nicht weniger eigenthümlich ist die innere Haut des Magens beim Huhn und andern Pflanzenfressenden Vögeln. Sie stellt eine wahre verdickte Epidermis dar, die eine grofse Festigkeit besitzt, und erzeugt nach innen starke Furchen und Runzeln, welche wechselseitig in einander greifen [32]). Dieser Bau scheint das Zerreiben der Körner zu befördern, und erlaubt ihnen, Steine zu verschlucken, die zur Digestion ebenfalls das ihrige beitragen [33]).

Ferner sah ich die Cardia bei den Pflanzenfressenden Vögeln mehr ausgezeichnet, z. B. bei dem Huhn

32) Tab. V. Fig. 5. (f).

33) *Blumenbach's* Handb. d. v. A. p. 150.

und der Taube, und bemerkte eine deutliche Grenze zwischen dem Vormagen und dem eigentlichen Magen; was nicht bei den Fleischfressenden Vögeln der Fall ist.

Bei jenen verläuft sich der Pförtner trichterförmig in den Zwölffingerdarm, und zeigt im verschlossenen Zustande gegen den Magen hin eine ungefähr einen halben Zoll lange Spalte[34]); dagegen er beim Habicht eine konische Gestalt besitzt [35]).

Der Vormagen ist beim Huhne [36]) kleiner, als beim Habicht [37]), aber die Schleimdrüsen desselben, deren Zahl fünf und funfzig bis sechszig bei ersterm betrug, sind hier gröfser, nicht cylindrisch, wie bei den beschriebenen Raubvögeln [38]),

34) Tab. V. Fig. 5. (g).

35) Tab. V. Fig. 7. (a).

36) Tab. IV. Fig. 2. (d).

37) Tab. IV. Fig. 1. (c).

38) Tab. V. Fig. 1. (c).

aber mehr beutelförmig [39]), und endigen sich in die Höhle des Vormagens mit konisch hervorragenden Papillen [40]), die nach hinten gerichtet sind [41]). Sie scheinen auch wegen ihrer Gröſse mehr Schleim herzugeben, als bei den Fleischfressenden Vögeln. —

Uebrigens hat der Magen bei den Pflanzenfressenden Vögeln einen gröſsern Umfang, als bei den Fleischfressenden, der von der beträchtlichen Stärke und Dicke seiner Wand [42]) herrührt. Denn seine Höhle selbst scheint nicht geräumiger zu seyn.

Vergleicht man endlich den Magen eines Vogels, der als ein Allesfressender angesehen wird, mit dem Magen Fleischfressender und Pflanzenfressender Vögel, so wird man finden, daſs derselbe die gröſste

---

39) Tab. V. Fig. 5. (c).

40) Bei der Taube waren sie beinahe cylindrisch, so wie beim Habicht, aber gröſser und mehr nach hinten gerichtet. Tab. V. Fig. 3. (g).

41) Tab. V. Fig. 5. (b).

42) Tab. V. Fig. 5. (ee).

Aehnlichkeit mit dem der letzteren besitze, obgleich er doch zugleich einen deutlichen Uebergang zu dem der Fleischfressenden Vögel zugleich andeutet.

Der Magen des Raben hat z.B. in Rücksicht des Baues die meiste Aehnlichkeit mit demjenigen der Pflanzenfressenden Vögel, nur die Muskeln sind weder so ausgezeichnet, noch erscheint die Epidermis so dick, und so voll Furchen. Die Höhle des Magens verläuft sich auch nicht trichterförmig in den rechten Magenmund, sondern verhält sich mehr wie bei den Fleischfressenden Vögeln.

Der Vormagen endlich hat ungefähr dieselbe verhältnifsmäfsige Gröfse und äufsere Gestalt, wie beim Huhn, und fast den gleichen Bau, wie bei der Taube.

III.

Vergleichung der Gedärme im Allgemeinen.

Stellt man über die Gedärme der angegebenen Thiere Vergleichungen an, so gehen folgende Haupt-Resultate hervor. Man findet im Allgemeinen bei den Säugethieren grofse Abweichungen, so wohl in Rücksicht der äufsern Gestalt, als auch der Länge und Weite. Bei den Vögeln hingegen ist dieser Unterschied viel weniger bemerklich.

Die Länge und der Durchmesser der Gedärme zeigt sich im aufgeblasenen Zustande auf folgende Weise.

Die Länge und der Durchmesser des dünnen Darmes.

		Länge.	Durchmesser.
I.	Beim Pferde[43])	72 Fufs	2 Zoll 2 Lin.
II.	— Rindvieh[44])	130 —	1 — 10 —
III.	— Hunde[45])	6 — 6 Zoll	— 7½ —

43) Beim Esel die Länge — 31 Fufs.

44) Beim Hirsch (*Daubent.* T. VI.) die Länge 38 Fufs
— Dromedar (*Daub.* T. XI.) — 44 —
— Büffel — — 70 —

45) Beim Wolf (*Daub.* T. VII.) die Länge 15 Fufs
— Fuchs — — 8 —

	Länge.		Durchmesser.	
IV. Beim Schweine[46])	56 Fuſs		1 Zoll	$1\frac{1}{3}$ Lin.
V. — Menschen	25 —		1 —	6 —
VI. — Habicht[47])	3 —	4 Zoll	—	$3\frac{3}{4}$ —
VII. — Huhne	5 —	—	—	5 —
VIII. — Raben	1 —	2 —	—	4 —

Die Länge und der Durchmesser des Blinddarmes.

	Länge.		Durchmesser.
I. Beim Pferde[48])	3 Fuſs	6 Zoll	$9\frac{1}{2}$ Zoll

Beim Löwen (*Daubent.* T. IX.) die Länge 20 Fuſs 6 Z.
Bei der Hyäne — — 23 — —
Beim Lynx — — 7 — 2 —

46) Beim Dachs (*Daubenton* T. VII.) die Länge des ganzen Darmkanals 20 Fuſs — (denn die einzelnen Theile sind nicht angegeben).
Bei der Ratze — die Länge 2 — 10 Z.

47) Beim Falco lagopus die Länge 4 Fuſs —
Bei der Eule — 1 — $5\frac{1}{2}$ Z.

48) Beim Esel die Länge 2 Fuſs 9 Z.

	Länge	Durchmesser
II. Beim Rindvieh[49])	2½ Fuſs	4½ Zoll.
III. — Hunde[50])	— 2 Zoll	— 4 Lin.
IV. — Schweine[51])	— 8 —	3½ — —
V. — Menschen	— 3 —	2½ — —
VI. — Habicht[52])	— — 3 Lin.	— 2 —
VII. — Huhn	— 6 — 3 —	— 6 —
VIII. — Raben	— ½ — —	— 2 —

---

49) Beim Hirsch die Länge	1 Fuſs	4 Zoll.	— L.
— Dromedar —	1 —	8 —	—
— Büffel —	1 —	3 —	—
50) Beim Wolf die Länge	2 Fuſs		
— Fuchs —	—	4 Zoll	—
— Löwe —	—	2 —	6 —
— Hyäne —	—	—	9 —
— Lynx —	—	—	10 —
51) Bei der Ratze —	—	1 —	3 —

52) Bei der Eule die Länge der Blinddärme 2 —

Die Länge und der Durchmesser des Grimm- und Mastdarmes.

	Länge.	Durchmesser.
I. Beim Pferde die Länge des Grimmdarmes [53])	12 Fuſs.	
und des Mastdarmes [54])	12 —	
(Der Durchm. des Grimmdarm, ist nach den verschiedenen Lagen verschieden, und schon oben bei anatom. Beschreibung angegeben).		
Der Durchmesser des Mastdarmes betrug	—	$3\frac{1}{2}$ Zoll.
II. Beim Rindvieh [55])	32 —	$4\frac{1}{2}$ —

53) Beim Esel die Länge des Grimmdarmes . 8 Fuſs 3 Zoll.

54) Beim Esel die Länge des Mastdarmes 5 Fuſs 3 Zoll.

55 Beim Hirsch die Länge 27 Fuſs.
— Dromedar 42 —
— Büffel 30 —

	Länge.	Durchmesser.
III. Beim Hunde [56])	— Fuſs 11 Z.	— Z. 10½ L.
IV. — Schweine [57])	15 —	— 2½ — —
V. — Menschen	5 —	— 3 — —
VI. — Habicht [58])	— 2½ —	— 8 —
(im zusammengefallenen Zustande war der Durchmesser nur	— —	— 2 —)
VII. — Huhn	— 3½ —	— 5 —
XIII. — Raben	— — 8 L.	— 4 —

---

56) Beim Wolf die Länge 2 Fuſs.
— Fuchs — 1 — 4 Zoll.
— Löwen — 3 — 6 —
— Hyäne — 3 — —
— Lynx — 1 — 3 —

57) Bei der Ratze — — 9 —

58) Beim Falco lagopus — — 2½ —
Bei der Eule — — 2 —

A.

Vergleichung der Gedärme bei den Säugethieren in Rücksicht der Länge.

In Rücksicht der Länge bemerkt man im Allgemeinen, daſs der dünne Darm in allen Thieren länger, der dicke kürzer erscheine.

Sieht man aber auf das Verhältniſs der Länge der Gedärme, in Hinsicht der verschiedenen Nahrungsweise dieser hier erwähnten Thierklassen, so zeigt es sich, daſs der dünne Darm und überhaupt die ganzen Gedärme um desto kürzer erscheinen, je mehr das Thier von Fleisch lebt, und umgekehrt um desto länger, je mehr es Pflanzen-Nahrung genieſst. So sah ich sie auch im Hunde am kürzesten. Beim Schweine und Pferde nahm die Länge zu, und war beim Rindvieh am beträchtlichsten.

Der Grund dieser verschiedenen Länge scheint wohl von den Nahrungsmitteln herzurühren, in wie fern sie sich schneller oder langsamer auflösen lassen, um den Chylus zu entwickeln. Denn die Fleischspeisen geben den Nahrungssaft geschwinder und leichter her, als die Pflanzen, und brauchen deswegen wohl nicht so lange in den Gedärmen zu verweilen.

B.

Vergleichung des dünnen Darmes bei den Säugethieren in Rücksicht des Baues.

In Hinsicht des Baues des dünnen Darmes läſst sich weniger etwas bestimmtes festsetzen.

Ich fand wohl bei einigen Fleischfressenden Säugethieren, z. B. beim Hunde, die Muskelhaut verhältniſsmäſsig stärker, als bei mehreren andern Pflanzenfressenden Thieren, ob aber dieser Bau bei den erstern allgemein statt finde, wage ich nicht zu entscheiden.

Gleichfalls läſst sich über die Zotten nichts bestimmtes sagen. Ihre Beschaffenheit ist bei den Fleischfressenden und Pflanzenfressenden Thieren selbst veränderlich, und sie geben kein charakteristisches

Zeichen an, um festsetzen zu können, ob das Thier sich mehr zur Pflanzen- oder Fleischnahrung halten müsse. So fand ich z. B. die Zotten beim Pferde sehr klein, beim Esel länger und stärker, wie auch beim Rindvieh. — Bei dem Hunde und der Katze sah ich sie gleichfalls sehr lang; so sollen sie bei dem Dachse an einigen Stellen des Darmes kürzer, an andern länger seyn [59]).

Auch die connivirenden Klappen deuten auf nichts bestimmtes hin. Sie sind überhaupt bei den Thieren unvollkommener, als bei den Menschen, ja bei manchen, sowohl Fleischfressenden, als Pflanzenfressenden Thieren, fehlen sie völlig. Dagegen findet man bei einigen Thieren, daſs die innern Häute des dünnen Darmes länglicht-laufende Falten bilden. Von dieser Beschaffenheit sah ich sie beim Pferde; beim Esel hingegen fand ich wahre connivirende Klappen. — Bei

---

59) *Rudolphi* vortreffliche anat. physiol. Abh. Berl. 1802. 8. p. 41., der noch mehrere Beispiele anführt.

den Cetaceen sind die Falten mehr geschlängelt [60].

C.

Vergleichung des ganzen dicken Darmes bei den Säugethieren.

Der dicke Darm zeichnet sich auch im Allgemeinen bei den meisten Pflanzenfressenden Thieren durch seine beträchtliche Länge, durch das von aufsen sichtbare zellenförmige Ansehen, und durch seine viel gröfsere Weite aus. Er unterscheidet sich daher durch diese Merkmale wesentlich theils von dem ihm zukommenden dünnen Darm, theils von dem dicken der Fleischfressenden Thiere.

Sehen wir nun auf die einzelnen Abtheilungen des dicken Darmes, so bieten sich uns folgende Bemerkungen dar:

---

60) *Blumenbach's* Handb. der vergl. Anat. p. 164.

D.

Vergleichung des Blinddarmes bei den Säugethieren.

Der Blinddarm ist bei den hier von mir beschriebenen Säugethieren von einer sehr verschiedenen Gröſse und Gestalt. Beim Pferde [61]) erschien er am gröſsten, beim

61) Da, wo ein Blinddarm vorhanden ist, pflegt bei den mehrsten Saugethieren und dem Menschen in diesem Theile die Configuration und Bildung des Koths ihren Anfang zu nehmen. Dieses ist aber beim Pferde nicht der Fall, im Gegentheil findet man im gesunden Zustande den Koth hier stets flussig. Diese Beschaffenheit scheint von einer doppelten Ursache herzuruhren, indem die innere Oberflache des Blinddarmes wahrscheinlich eine groſsere Menge Feuchtigkeiten hergiebt, und die Nahrungsmittel selbst vielleicht schneller in diesen Darm ubergeführt werden.

Nur allmahlich wird der flussige Koth fester und harter, wie er den Grimmdarm durchlauft, woraus zu erhellen scheint, daſs die Einsaugung am dicken Darm hier starker sey, als beim Menschen und mehreren andern Thieren. Daſs dies der Fall sey, beweist auch das Daseyn der

Hunde am kleinsten. Beim Hasen und Kaninchen besitzt er eine beträchtliche Länge, welche die Länge des ganzen Thieres übertrifft. Allein auch bei einer und derselben dieser Thierklassen zeigt er eine große Verschiedenheit. Einige unter den Fleisch- und Allesfressenden Thieren haben ihn gar nicht. So fand ich ihn bei dem Waschbären fehlen; auch vermissen ihn manche Pflanzenfressende Thiere, z. B. der Siebenschläfer[62]). — Der wurmförmige Anhang fehlt ebenfalls den meisten Säuge-

---

lymphatischen Drüsen, die allenthalben im Gekröse des dicken Darmes in größerer Menge ausgebreitet sind, und einen größern Umfang zeigen, als bei andern Thieren.

Deswegen ist der Zugang des Blinddarmes zum Grimmdarm vielleicht so enge angelegt, damit der flüssige Koth allmählich aus dem Blinddarm in den Grimmdarm übertrete, langsam denselben durchlaufe, und die Einsaugung des noch zurückgebliebenen nährenden Stoffs gehörig statt habe. Daher fängt auch erst die Configuration des Koths im Mastdarme an, die bei andern Thieren sich schon früher zeigt.

62) *Blumenbach's* Handb. der vergl. Anat. p. 165.

thieren, und sogar einigen Affenarten [63]).

E.

Vergleichung des Grimmdarmes und Mastdarmes bei den Säugethieren.

Der Grimmdarm und Mastdarm bieten auch bei den von mir untersuchten Thieren viele Verschiedenheit dar, sowohl in Rücksicht ihrer äufseren Gestalt, als der Länge und der Weite.

Bei dem wiederkauenden Rindvieh waren sie am längsten, beim Hunde am kürzesten, und nur wenig weiter, als der dünne Darm. Beim Pferde erscheint der Grimmdarm, im Ganzen betrachtet, am weitesten, so wie er insgemein bei allen Pflanzenfressenden Thieren sehr weit ist [64]).

---

63) *Blumenbach* l. c. p. 166.

64) Dieser beträchtliche Umfang des dicken Darmes bei den Pflanzenfressenden Säugethieren findet

Der Grimmdarm des Pferdes bildet, die dritte Lage ausgenommen, auch viele Zellen. Diese fehlen am Rindvieh aus Mangel der Bänder. Am Grimmdarm des Schweines erscheinen sie unvollkommner und weniger ins Auge fallend. Beim Hunde sind sie gar nicht da [65]).

---

wohl deshalb statt, um die grofse Menge der Excremente zu fassen, welche von der Pflanzennahrung entstehen?

65) Wozu nützt diese zellenförmige Beschaffenheit? warum findet man sie an einem Thiere, am andern nicht? Das Pferd, als ein Pflanzenfressendes Thier, besitzt sie, das Rindvieh, welches gleiches Futter geniefst, hat sie nicht! Liegt der Grund darin, dafs da, wo der Koth beim Uebergang in den dicken Darm noch viel nährenden Stoff enthält, derselbe in diesen Zellen zurückgehalten werden mufs, um durch das Einsaugen diese nährende Partikeln abzugeben. — Deswegen konnte vielleicht der Hund und mehrere andere Fleischfressende Thiere der Zellen gänzlich entbehren, indem die Nahrungsmittel wahrscheinlich im dünnen Darm ihres nährenden Stoffs gröfstentheils schon beraubt werden, beim Eintreten in den Grimmdarm verdickt erscheinen, und gegen den After eine gewisse Härte zeigen. Hätte daher der Grimmdarm bei diesen Thieren

Auch findet bei einigen Säugethieren eine gewisse Grenze zwischen dem Grimmdarm und dem Mastdarm statt, z.B. beim Pferde, dahingegen bei manchen der Uebergang aus einem in den andern Theil weniger merklich und in die Augen fallend erscheint.

* * *

Wirft man einen allgemeinen Blick auf das bisher Gesagte, so scheint hieraus zu erhellen, daſs die Gedärme bei den Säugethieren sich besonders nach der Nahrungsweise derselben richten, indem sie in der Regel bei den Fleischfressenden verhältniſsmäſsig kürzer erscheinen, und zugleich bei ihnen auch der sogenannte dünne Darm im äuſsern vom dicken sich wenig unterscheidet; bei den Pflanzenfressenden im Gegentheil das Entgegengesetzte statt finde, indem sie nicht allein hier eine gröſsere Länge besitzen, sondern auch zugleich ein auffallender Unterschied zwischen dem dünnen

---

eine gröſsere Länge und die zellenförmige Beschaffenheit, so würde wahrscheinlich der Koth eine solche Härte annehmen, daſs er gar nicht ausgeworfen werden könnte.

und dicken Darm beobachtet wird. Doch lehrt die Untersuchung, dafs einige Thiere von den angegebenen Klassen vorhanden sind, bei denen das Gesagte nicht statt findet. So trifft man an der Robbe, als einem Fleischfressenden Thiere, lange, und am Faulthier, als einem Pflanzenfressenden Thiere, sehr kurze Gedärme an [66].

Auf gleiche Weise bemerkt man bei einigen unter den Pflanzenfressenden Thieren keinen bemerklichen Unterschied in der Weite des dünnen und dicken Darmes, z. B. bei dem Siebenschläfer [67].

F.

Vergleichung der Gedärme zwischen den Säugethieren und Vögeln.

Stellt man eine Vergleichung zwischen den Säugethieren und den Vögeln an, so wird man finden:

66) Beim Faulthiere giebt *Daubenton* T. XIII. die Länge zu drei Fufs, bei der Robbe zu fünf und funfzig Fufs und acht Zoll an.

67) *Blumenbach's* Handb. der vergl. Anat. p. 164.

dafs letztere im Ganzen weit kürzere Gedärme, als erstere besitzen.

Ferner bemerkt man bei den Vögeln überhaupt keinen merklichen Unterschied zwischen dem dünnen und dicken Darm, und letzterm fehlen auch die Bänder. Im Gegentheil erscheinen die Gedärme bei manchen Vögeln am Anfange weiter, als gegen das Ende. Nur bei einigen Raubvögeln, z. B. beim falco palumbarius, fand ich, dafs der sogenannte dicke Darm, der im leeren und zusammengezogenen Zustande an einigen Stellen nicht weiter, als der dünne Darm erschien [68]), doch durch das Aufblasen einer beträchtlichen Erweiterung fähig war.

Bei den meisten Vögeln trifft man zwei Blinddärme an; ein eigenthümlicher Bau, der selten in den Säugethieren statt hat [69]).

---

68) Tab. V. Fig. 6. (d).

69) So findet man als Ausnahme, z. B. beim Klipdas (marmota capensis), erst einen grofsen und weiten Blinddarm, und weiter hin zwei andere konische Blinddärmchen. *Blumenbach's* Handb. d. v. A. p. 166.

Der Mastdarm endigt sich bei den meisten Vögeln gemeinschaftlich mit den Harnleitern, den Genitalien und der bursa *Fabricii* in die sogenannte Kloaka. Nur in wenigen Säugethieren, z. B. im Biber und dem Faulthiere, findet man eine ähnliche Einrichtung, indem bei diesen der Mastdarm und die Harnröhre einen gemeinschaftlichen Ausgang haben [70]).

In Rücksicht der Zotten bemerkt man bei der Vergleichung mit den Säugethieren, daſs sie sich entweder im Darmkanale der Vögel wie bei den Säugethieren verhalten, das heiſst, vorzüglich in dem dünnen Darme gesehen werden, z. B. bei dem Falken, Huhne u. s. w., oder sie sind über den ganzen Darmkanal verbreitet, z. B. bei der wilden Ente (anas penelope); oder sie scheinen völlig zu fehlen, z. B. beim Eisvogel (alcedo ispida) [71]).

---

70) *Blumenbach* l. c. p. 167.

71) *Rudolphi* l. c. p. 52. Ich selbst bemerkte dieses ebenfalls.

G.

Vergleichung der Gedärme bei den Vögeln selbst.

Vergleicht man die Gedärme der Vögel unter sich, so wird man nur wenig charakteristisches und unter einander abweichendes festsetzen können, was man doch zwischen den beiden Klassen der Säugethiere angeben konnte.

Sieht man auf ihre Länge, so bemerkt man wohl im Allgemeinen bei den Fleischfressenden Vögeln etwas kürzere Gedärme, als bei denen, die aus dem Pflanzenreiche ihre Nahrung suchen. So fand ich sie beim Huhn und bei der Taube länger, als bei den Raubvögeln. Indessen ist dieser Unterschied in Rücksicht der Länge bei weitem nicht so merklich und auffallend, als bei den Säugethieren, die verschiedene Nahrungsmittel zu sich nehmen, wie es auch aus dem oben Gesagten erhellet.

Die äufsere Gestalt und der Bau der Gedärme unter den Vögeln selbst, ist fast in nichts verschieden, und zeigt wenig Abweichendes. Nur die Blinddärme erscheinen in den Hühnerarten und Wasservögeln beträchtlich länger, bei den Raubvögeln kleiner und unvollkommner, ja in manchen fehlen sie ganz [72]). So fand ich die Länge derselben beim Huhne beträchtlicher, beim Habicht hingegen sehr kurz und unvollständig. Im ersten waren sie mit Excrementen angefüllt, im letztern sonderten sie bloſs einen weiſslichen Schleim ab, und schienen daher eine andere Function auszuüben. Doch bin ich nicht berechtigt, aus dem Angeführten den Schluſs zu ziehen, daſs die Blinddarme bei den Fleischfressenden und Pflanzenfressenden Vögeln sich auf die angegebene Weise beständig so verhalten; denn z. B. bei der Taube, als einem Pflanzenfressenden Vogel, hatten sie beinahe dieselbe unbedeutende Länge und Weite, wie beim Habicht, besaſsen dieselbe Gestalt, sonderten ebenfalls nur einen weiſslichen Schleim ab, und enthielten gar keine Excremente. Bei der Eule hingegen, als einem Fleischfressenden Vogel, waren sie länger, und mit Koth angefüllt.

* * *

---

72) Auch bei dem Eisvogel sah ich keine Spur der Blinddarme.

Aus dieser allgemeinen Vergleichung erhellt, dafs die Gedärme der Vögel im Ganzen mehr denen der Fleischfressenden Säugethiere zu gleichen scheinen, und der Unterschied derselben zwischen den Fleisch- und Pflanzenfressenden Vögeln weniger merklich sich darstelle, als bei den Säugethieren [73]).

---

73) Ist vielleicht die Ursache darin zu suchen, dafs der Magen der Pflanzenfressenden Vögel, wegen seiner stärkern und derbern Beschaffenheit, die Nahrungsmittel vollkommner verarbeite, die nun in den Gedärmen sich leichter und geschwinder auflösen lassen und den Chylus schnell hergeben, weswegen sie der gröfsern Länge nicht bedurften? Ist der sogenannte dicke Darm deshalb kleiner bei den Pflanzenfressenden Vögeln, als bei den Pflanzenfressenden Säugethieren, weil die Körner mehr nährenden Stoff darbieten, und nicht so viel untaugliches zurücklassen, das als Koth ausgeworfen werden mufs, als das Stroh, welches zugleich einen grofsen Theil der Nahrung der Säugethiere ausmacht. —

IV.

Vergleichung der Leber im Allgemeinen.

Es zeigte die Leber in den von mir untersuchten Thieren folgendes Gewicht:

I.	Beim Pferde	$9\frac{3}{4}$ Pf.		
II.	— Rindvieh	$8\frac{1}{2}$ —		
III.	— Hunde	——	$10\frac{1}{2}$ Unz.	
IV.	— Schweine	2 —		
V.	— Menschen	——	45 [74]) —	
VI.	— Habicht	——	4 Quentch.	25 Gran.
VII.	— Huhn	——	5 —	5 —
VIII.	— Raben	——	1 —	57 —

A.

Vergleichung der Leber bei den Säugethieren in Rücksicht der Gröſse und Schwere.

Es scheint, daſs man aus der verschiedenen Gröſse und Schwere dieſes Eingeweides

74) Nach *Hallers* Bestimmung elem. phys. T. 6. p. 55.

nichts Bestimmtes ableiten könne, weil diese Eigenschaften bei einer jeden Klasse der angegebenen Thiere so veränderlich sind. Nimmt man aus der Klasse der Fleischfressenden Thiere den Wolf, so betrug das Gewicht der Leber ein Pfund und neun Unzen [75]), beim Fuchs hingegen nur sechs Unzen [76]), beim Löwen drei Pfund und vierzehn Unzen [77]) und bei der Hyäne ein Pfund und zwölf Unzen, beim Luchs nur etwas über sieben Unzen.

Gleiche Verschiedenheit trifft man bei den Pflanzenfressenden Thieren an, sie mögen wiederkauen oder nicht. Beim Dromedar betrug das Gewicht sieben Pfund und drei und eine halbe Unze [78]), beim Büffel ein Pfund und funfzehn Unzen, beim Murmelthiere drei Unzen. Ja selbst in Thieren von einerley Art bemerkt man einen grofsen Unterschied. So fand ich z. B. bei verschiede-

---

75) *Daubenton* T. VII.

76) *Daubenton* l. c.

77) *Daubenton* T. IX.

78) *Daubenton* T. XI.

nen Pferden von derselben Gröfse nicht das gleiche Gewicht der Leber.

B.

Vergleichung der Leber bei den Säugethieren in Rücksicht der Farbe und äufseren Gestalt.

Eben so wenig lassen sich aus ihrer Farbe und äufseren Gestalt bestimmte Folgerungen ziehen, weil man besonders in Ansehung der letztern so viele Abweichungen trifft. Sie ist z. B. im Hunde, als Fleischfressendem Thiere, gemeiniglich in sieben Lappen gespaltet; beim Löwen findet man fünf bei der Hyäne drei Lappen. Dieselbe Einrichtung trifft man aber auch bei mehreren Pflanzenfressenden und Allesfressenden Thieren an, z. B. im Hasen, der Ratze, der Maus u. s. w. Ueberhaupt scheint die äufsere Gestalt, die mehr oder weniger starke Spaltung, und die Menge der Lappen gar keinen Einflufs auf die Function der Leber zu haben, sondern sich vielmehr nach dem Bau des Körpers zu richten, so dafs bei den Thieren, die schnell laufen, und in Sätzen den hintern Theil des Körpers mit Geschwindigkeit stark nach vorne werfen, die Anzahl der Lappen sich vermehren, woraus man schlieſsen könnte, daſs diese Abtheilungen dazu nützen, bei der Bewegung des Körpers den übrigen Eingeweiden nachgeben zu können.

C.

Vergleichung der Leber bei den Säugethieren in Rücksicht des innern Baues und der Gallenblase.

Auch der innere Bau der Leber giebt keine befriedigende Aufschlüsse. Ihre Substanz erschien mir bei allen den zergliederten Thieren körnigt, nur zeigte sich nach der verschiedenen Gröſse des Thieres diese körnige Beschaffenheit gleichfalls abweichend, und sie fällt beim Pferde, dem Ochsen und andern gröſsern Thieren bemerklicher ins Auge.

Auch die Gallenblase bietet nichts dar, aus dem man Schlüsse ziehen könnte. Bei einigen fehlt sie, bei andern ist sie vorhanden. So vermiſst man sie beim Pferde, als einem Pflanzenfressenden Thiere, und mehrere Beispiele führt *Haller* (Elem. phys. T. VI. p. 519.) an [79]).

---

79) Bei dieser Gelegenheit kann ich nicht umhin, einen merkwürdigen Umstand anzuführen, den ich bei der Untersuchung der Gallenwege eines Waschbären fand, welchen ich der Güte des Hrn. Hofr. *Blumenbach* verdankte. Obgleich diese Untersuchung blofs anatomisch ist, und hier die unrechte Stelle einzunehmen scheint, so wird mir der Leser doch um der Beobachtung willen diese Freiheit verzeihen.

Ich fand nemlich an den Gallenwegen des Waschbären eine beinahe ähnliche Einrichtung, als bei dem Elephanten, indem zwischen den Häuten des Zwölffingerdarmes ein Behältnifs (Tab. VI. Fig. 4-8.) erschien, das den gemeinschaftlichen Gallengang und einen Bauchspeicheldrüsengang aufnahm. Dadurch unterscheidet sich aber vorzüglich der Waschbär vom Elephanten, dafs ersterer eine wahre Gallenblase besitzt, die letzterem fehlt.

Ich will zuerst die Beschreibung des Behältnisses im Waschbären angeben, und dann dasselbe in beiden Thieren vergleichen. Es lag in dem longitudinellen Ast des Zwölffingerdarmes zwischen den

D.

Vergleichung der Leber zwischen den Säugethieren und Vögeln.

Bei den Vögeln scheint die Leber, wenn man sie mit der der Säugethiere ver-

---

Häuten desselben, ungefähr zwei Zoll vom Pförtner entfernt, und war einen Zoll lang, einen halben Zoll breit. Auf der aufsern Fläche des Darmes fand ich seinen Umfang genau bezeichnet (Tab. VI. Fig. 6 (c.)), weniger deutlich auf der innern Flache (Tab. VI. Fig. 4. (c)). Um dasselbe lagen viele Schleimdrusen (Tab. VI. Fig. 4. (b), die besonders gegen den Pfortner hin zahlreich und mehr angehäuft waren. Dieses Behaltnifs öffnete sich in die Hohle des Zwolffingerdarmes mit einer einzelnen Mündung (Tab. VI. Fig. 5 (b)), die ungefähr eine Linie im Durchmesser hielt, durch welche es sich leicht aufblasen liefs, und nahm dann eine ovale Figur (Tab. VI. Fig. 5 (a)) an.

In seine Hohle öffnete sich der gemeinschaftliche Gallengang (Tab. VI. Fig. 6. (d). und der Bauchspeicheldrüsengang. (Tab. VI. Fig. 7. (b). Ersterer verlief sich mit einer zwei Linien langen hervorragenden Wulst (Tab. VI. Fig. 7. (h)), an dessen Ende sich eine schrägliegende Oeffnung (Tab. VI. Fig. 7. (g)) zeigte, die etwas grofser war, als die des Begleicht, im Ganzen verhältnifsmäfsig grösser zu seyn, und mehr nach vorne zu liegen.

---

hältnisses selbst. Nachdem ich den Wulst nach der Länge aufgeschnitten hatte, sah ich ungefähr zwei Linien nach vorne die Mündung von dem Bauchspeicheldrüsengange (Tab. VI. Fig. 8. (b)), der sich auf gleiche Art als der gemeinschaftliche Gallengang öffnete.

Die innere Fläche des Behältnisses und des gemeinschaftlichen Gallenganges zeigte ein feines, netzförmiges Ansehn (Tab. VI. Fig. 8.), beinahe wie die der Gallenblase beim Menschen, und erstere erzeugte drei schwache Falten (Tb. VI. Fg. 7. (eec)), die ihren Ursprung von der Mündung des gemeinschaftlichen Gallenganges nahmen, und divergirend nach hinten sich verliefen.

Vergleicht man nun dieses Behältnifs in dem Waschbären mit dem in dem Elephanten (*Camper* description anatomique d'un Elephant male, Paris 1802. Fol. Tab. 7.), so wird man folgende Unterschiede bemerken:

Im erstern Thiere bildet es eine einfache Höhle; im letztern aber vier Abtheilungen (*Camper* l. c. Tb. 7. Fig. 4.), die unter sich in Verbindung stehen, und durch kleine Scheidewände erzeugt werden, welche von der innern Wand des Behältnisses entstehen. Im ersten öffnet sich ein Bauchspeicheldrüsengang in den gemeinschaftli-

Zugleich erstreckt sie sich weiter nach der linken Seite hin, indem sie nemlich die drei vordern Bauchgegenden völlig einnimmt.

Nie fand ich bei den Vögeln einen gemeinschaftlichen Gallengang (ductus choledochus), wie er in den mehresten Säugethieren angetroffen wird, sondern der Gallenblasengang und der Lebergang liefen, wie schon bei der anatomischen Beschreibung bemerkt ist, ein jeder besonders nach dem Zwölffingerdarme hin, und öffneten sich durch eigene Mündungen, die ich bisweilen mehrere Zoll von einander entfernt antraf[80]). Doch wage ich nicht geradezu für gewifs zu behaupten, dafs diese Einrichtung bei allen Vögeln statt finde.

---

chen Gallengang kurz vorher, ehe dieser seine Mündung erreicht. Im letztern aber endigen sich die beiden Gänge neben einander (*Camper* l. c. Tab. 7. Fig. 4. (f)), aber gleichfalls in dem Behältnisse.

80) Tab. VI. Fig. 2. (c.k.).

E.

Vergleichung der Leber unter den Vögeln selbst.

Bei der Vergleichung der Leber unter den Vögeln selbst, zeigten sich mir folgende Unterschiede. Ich fand nemlich die Leber beim Huhn, der Taube und dem Raben verhältnifsmäfsig gröfser [81]) und schwerer als in den Fleischfressenden Vögeln. Beim Huhn war der rechte Lappen durch eine Spalte getheilt, die bei den letzteren gemeiniglich fehlte. Die Gallenblase hatte im Huhn eine beinahe konische Gestalt [82]),

81) Beim Huhn hatte der rechte Lappen zwei Zoll und drei Linien Länge, einen Zoll und drei Linien Breite und zehn Linien Dicke nach oben, wo er am dicksten war; der linke Lappen hielt an Länge einen Zoll zehn und eine halbe Linie, an Breite einen Zoll eine und eine halbe Linie und an Dicke sieben Linien. (Die Schwere ist oben schon angegeben.)

82) Sie war im mäfsig angefüllten Zustande einen Zoll und drei Linien lang, und hielt gegen das

bei den Fleischfressenden Vögeln war sie mehr kugelförmig.

Doch muſs ich bemerken, daſs aus dem Angeführten sich nichts Gewisses festsetzen lasse, was auf den Unterschied zwischen den Fleisch- und Pflanzenfressenden Vögeln im Allgemeinen anwendbar wäre, und ihn genauer aus einander setzte. Denn auch selbst bei den Vögeln aus einer Art ist die Gröſse und Schwere der Leber verschieden, da hingegen die Gestalt derselben bisweilen bei den verschiedenen hier erwähnten Klassen weniger abweichend ist. So fand ich z. B. bei zwei alten gesunden Tauben die Leber von dem Männchen bei weitem kleiner, als bei dem Weibchen, ob jenes gleich gröſser, als dieses war; es zeigte sich nemlich die Schwere der Leber bei dem Männchen nur zu ein und ein halbes Quentchen, beim Weibchen hingegen zu zwei Quentchen und drei und dreiſsig Gran. Dagegen fand ich auch beim falco lagopus den rechten Leberlappen etwas gespaltet, obgleich die Spalte hier nicht so stark war, wie beim Huhn.

---

breite Ende hin vier Linien im Durchmesser. Sie wog mit der in ihr enthaltenen Galle ein Scrupel. —

Beim Raben hatte die Leber ungefähr dieselbe Gestalt, wie beim falco lagopus. Es war nemlich ihr äuſserer Rand etwas ausgehöhlt, und der rechte Lappen mit einer kleinen Spalte versehen. Seine Gallenblase erschien birnförmig und ganz leer.

* * *

Sieht man nun überhaupt auf die Beschaffenheit des Gallensystems bei den hier abgehandelten Säugethieren und Vögeln, so wird man, auſser daſs die Leber eine verschiedene Gestalt, Gröſse und Zahl der Lappen zeigt, finden, daſs einige eine Gallenblase nebst ihrem Ausführungskanale und einem gemeinschaftlichen Gallengang (ductus choledochus) besitzen, der sich mit einem Bauchspeicheldrüsengang vereinigt, (wie beim Menschen und mehreren Säugethieren). Andern fehlt die Gallenblase, der einfache Lebergang verbindet sich mit einem Bauchspeicheldrüsengang, und öffnet sich in den Zwölffingerdarm, ohne erst in ein solches Behältniſs überzugehen, wie es oben beschrieben ist, (z. B. beim Pferde). In einem andern Falle geht der einfache Lebergang in ein solches Behältniſs über, und die Gallenblase fehlt, (z. B. beim Elephanten); oder es ist eine wahre Gallenblase und ein gemeinschaftlicher Gallengang vorhanden, der sich gleichfalls in jenes Behältnifs endigt, (wie beim Waschbären); und endlich erscheint der einfache Lebergang und der Gallenblasengang jeder für sich bestehend, die auch einzeln in den Zwöffingerdarm sich endigen. (Dieses ist der Fall bei allen von mir untersuchten Vögeln gewesen). — Warum fehlt einigen Thieren die Gallenblase, warum ist sie bei andern vorhanden? Nimmt man an, sie habe vorzüglich die Bestimmung, dafs die aufgenommene Galle in ihr einen höhern Grad von Vollkommenheit annehme, und daselbst wirksamer gemacht werde, so würde man wohl nicht mit Unrecht schliefsen, dafs da, wo die Gallenblase fehle, die Absonderung der Galle in der Leber schon vollkommener sey. Allein wozu dient das bei einigen Thieren in dem Zwölffingerdarm angelegte Behältnifs? Soll es eine Art von Gallenblase darstellen, oder ist es eigentlich dazu bestimmt, dafs sich daselbst eine gewisse Quantität Galle ansammle, die mit dem Bauchspeicheldrüsen-Saft erst genauer vereinigt werden müfste, um dann in die Höhle des Darmes treten zu können? Fast scheint das letztere der Fall zu seyn. Denn da man bei den Thieren bemerkt, dafs sich entweder gewöhnlich ein Bauchspeicheldrüsengang mit dem Hauptkanale der Galle unmittelbar vereinigt, oder wie es beim Elephanten sich zeigt, der Bauchspeicheldrüsengang sich in das Behältnifs des Zwölffingerdarmes endigt, so scheint es beinahe ein Gesetz in der thierischen Oeconomie zu seyn, dafs beide Säfte sich erst mit einander vermischen müssen, um wirksam seyn zu können.

V.

Vergleichung der Milz bei den Säugethieren und Vögeln.

Die Milz bietet bei der Vergleichung in Rücksicht ihrer Gröfse, Gestalt, inneren Baues und Farbe wenig Erhebliches dar, welches einen wichtigen Unterschied angeben könnte. So betrug das Gewicht:

I.	beim Pferde	$2\frac{3}{4}$ Pfund.		
II.	— Rindvieh	$1\frac{1}{2}$ bis 2 —		
III.	— Hunde	—		$2\frac{1}{8}$ Quentch.
IV.	— Schweine	—	6 Unz.	—
V.	— Menschen (nach *Hallers* Angabe)	$6\frac{3}{8}$ bis 16 —		—

VI. — Habicht	—	—	10 Gr.
VII. — Huhn	—	—	12 —
VIII. — Raben	—	—	8 —

Hieraus erhellt, daſs man aus der Gröſse und Schwere, wie bei der Leber, keine sichere Resultate ziehen könne, indem die Milz bei den Pflanzenfressenden Thieren, z. B. beim Pferde, beinahe das doppelte Gewicht angab, wie beim Rindvieh. Auch zeigt *Hallers* Angabe, daſs bei derselben Art ihre Schwere sehr veränderlich sey, was ich selbst oft bei mehreren Thieren gefunden habe.

Bei den mehresten Säugethieren hat die Milz eine sichelförmige Gestalt, und ihre Farbe erscheint mehr oder weniger ins Blaue spielend.

In Ansehung ihres Baues zeigt sie bei allen ein von Blutgefäſsen gebildetes Parenchyma, nur bei einigen, z. B. im Ochsen, Pferde, Schaafe, hatte das Gefüge zugleich ein zellenartiges Ansehn.

Bei den Vögeln scheint die Milz verhältniſsmäſsig kleiner zu seyn, als bei den Säugethieren, hat eine beinahe nierenförmige Gestalt, und liegt mehr nach der rechten Seite hin.

Unter den Vögeln selbst fand ich ebenfalls keinen merklichen Unterschied.

VI.

Vergleichung der Bauchspeicheldrüse bei den Säugethieren und Vögeln.

Auf gleiche Weise giebt die Vergleichung der Bauchspeicheldrüse keine wichtige und befriedigende Resultate. Das Gewicht derselben betrug:

I.	beim Pferde	20 Unz.	
II.	— Rindvieh	18 —	
III.	— Hunde	1 —	
IV.	— Schweine	$2\frac{1}{2}$ —	
V.	— Menschen (nach *Hallers* Angabe)	$2\frac{1}{2}$ bis 6 —	
VI.	— Habicht	—	15 Gran.
VII.	— Huhn	—	40 —
VIII.	— Raben	—	16 —

Ihre Gestalt und Gröfse findet man in den angegebenen Arten der beiden Klassen sehr verschieden.

Bei den meisten Vögeln ist sie doppelt, und besitzt mehrere Ausführungsgänge. Bei den Fleischfressenden Vögeln fand ich sie viel kleiner, als bei dem Huhn, der Taube und dem Raben; sie hatte auch nicht das körnigte Ansehn. Indessen soll sie doch bei den Raubvögeln, die nicht saufen, beträchtlich gröfser seyn. Uebrigens ist sie, wie bei den Säugethieren, von vielartiger Gestalt und Gefüge.

VII.

Allgemeines Resultat der Vergleichung der Verdauungswerkzeuge bei den Säugethieren und Vögeln.

Stellt man nun die Pflanzenfressenden, Fleischfressenden und Allesfressenden Thiere gegen einander, so wird aus der allgemeinen Vergleichung erhellen, dafs der Magen und die Gedärme gemeiniglich in den ersten beiden Klassen der Säugethiere einen wesentlichen und eigenthümlichen Unterschied zeigen. Beim Schweine hingegen, als ein Allesfressendes Thier, scheint der Magen einen Uebergang zu den Fleischfressenden anzudeuten, die Gedärme aber bleiben sowohl in Rücksicht ihrer Länge, als äuſseren Gestalt, mit den der Pflanzenfressenden mehr übereinstimmend.

Bei den übrigen Eingeweiden aber, welche bloſs Säfte zur Verdauung absondern, ist dieser Unterschied unbeträchtlicher und weniger deutlich und bestimmt. Man findet ihn nicht allein an dem Magen und den Gedärmen zwischen den Pflanzenfressenden und Fleischfressenden Thieren überhaupt, sondern auch selbst zwischen Pflanzenfressenden Säugethieren unter sich [83]).

---

83) Sollte man hieraus nicht den Schluſs ziehen dürfen, daſs der Magen und die Gedärme der Pflanzenfressenden Thiere die Kräuter auf verschiedene Art verdaue, die Verdauungskräfte selbst gleichfalls verschieden wären, und unter einander in Rücksicht ihrer Wirkungsart abweichen? Wenigstens scheint es der Anblick des Koths zu beweisen. Wie sehr unter-

Bei den Vögeln hingegen ist der Unterschied zwischen den Verdauungswerkzeugen der Fleischfressenden, Pflanzenfressenden und Allesfressenden Vögel vorzüglich am Magen auffallend, und merklicher, als bei den Säugethieren. Hingegen an den Gedärmen fällt der Unterschied viel weniger ins Auge, ja unter den Pflanzenfressenden Vögeln selbst findet in Ansehung des Magens und der Gedärme, wie es bei den Säugethieren der Fall ist, gar kein Unterschied statt.

Bei dem Raben, als Omnivor, bemerkt man, daſs der Magen die gröſste Aehnlichkeit mit dem der Pflanzenfressenden Vögel hat. Doch wird man an ihm einen noch deutlichern Uebergang zu der Fleischfressenden Klasse, als bei den Säugethieren gewahr. Hingegen nimmt man auf die Gedärme und die Speiseröhre Rücksicht, so findet man die gröſste Uebereinstimmung mit den gleichen Theilen der Fleischfressenden Klasse,

---

scheiden sich nicht die Excremente des Pferdes von denen des Rindviehes in Ansehung der Gestalt, der Farbe, des Geruchs und der Härte!

was bei den Säugethieren der entgegengesetzte Fall ist.

Ist eine jede der erwähnten Thierklassen zu einer bestimmten Nahrung gebunden? — Was lehrt die Erfahrung?

Es behaupten einige und nicht ohne einen Schein der Wahrheit, daſs eine jede dieser Thierklassen wegen der eigenthümlichen Bildung ihrer Verdauungs-Eingeweide an eine gewisse Nahrung gebunden sey. Doch scheint die Erfahrung diesen Satz einzuschränken. Ich will, um dieses zu beweisen, einige Beispiele anführen. Nichtruminirende Pflanzenfressende Thiere können sich an Fleisch gewöhnen, und es ist merkwürdig, daſs einige das Fleisch den Kräutern vorziehen. *Sam. Hearne*[84]) erzählt, daſs die gezähmten Biber von Fleisch leben. *Aelianus*[85]) führt an, daſs die Heroter und Gedruser ihren Pferden anstatt

84) In jurney from Hudsonsbay to the northern Ocean, p. 244.

85) Hist. animal. XV. cap. 25.

des Heues Fische vorwürfen." Georgi [84] bemerkt: „er habe ein Fleischfressendes Pferd [85]) gesehen, das Austern verzehrte."

Gleichfalls werden wiederkauende Thiere durch Noth oder Gewalt gezwungen, sich mit Fleisch zu nähren. So sagt *Strabo* [86]): „die Garamanten futtern die Schaafe mit Fleisch und Milch, besonders geschehe dies in den benachbarten Orten Aethiopiens." Auch *Marcus Polo* [87]) erzählt: „in der Provinz Aden werden die Pferde, das Rindvieh, die Camele und Schaafe mit Fischen gefuttert, die diesen Thieren eine tägliche Speise seyen, weil man daselbt wegen der grofsen Hitze weder Kräuter noch Getreide genug erhalten könne. Die Einwohner trocknen die Fische, bewahren sie auf, und geben sie dem Vieh das ganze Jahr hindurch als tägliche Nahrung. Dieses frifst es getrocknet

---

84) Reise in Rufsland T. 1.

85) *Tyson* in phil. transact N. 269. *Radzivil* iter palaest. p. 215.

86) Cap. 17.

87) Lib. III. cap. 46. p. 162.

lieber, als frisch." So giebt *J. Willich* an [88]): „ich selbst sah, dafs das Vieh im vorigen Jahre im Herbste die Heuschrecken auf dem Felde frafs, und davon fett wurde." In Sibirien, vorzüglich in Ochotzk, wie *Saver* [89]) bemerkt: „wird das Vieh mit Fischen ernährt, die sie lieber, als Heu fräfsen [90])."

Auf der andern Seite lehrt auch die Erfahrung, dafs Fleischfressende Thiere sich an Pflanzennahrung gewöhnen. So erzählen die Weltumsegler [91]): „dafs die Hunde auf der Insel Otaheite von Früchten ernährt werden;" Ja diese Thiere erhalten ihr Leben

---

88) Dial. de Locustis 1543. p. 322.

89) In account of *Billings* expedition p. 41.

90) Auf gleiche Weise bei den Tartarn, hist. de Chinois. p. 82. — Um Mascate, *Ovington* voyag. T. II. p. 130. — Die Schaafe in Island, *Horrebow* de Island. p. 229. *Aelianus* l. c. bemerkt gleichfalls, dafs die Zelten dem Rindviehe Fische zu fressen gäben, und in Lydien und Macedonien die Schaafe durch den Genufs derselben fett würden.

91) *Hawkesworth's* collection of voyages to the south seas T. II. p. 197.

durch Weintrauben, Birnen und Aepfel [92]). — Daſs sie viel Brod fressen, lehrt die tägliche Erfahrung. — Die Katzen genieſsen ja auch Brod und Hülsenfrüchte.

Auch andere Fleischfressende Thiere würden sich ohne Zweifel an die Pflanzennahrung gewöhnen, wenn man sie zähmte, und als Hausthiere benutzte. Indessen darf man doch überhaupt bei dieser Klasse von Thieren nicht vergessen, daſs für sie die Pflanzennahrung, das Obst vielleicht allein ausgenommen, erst zubereitet seyn müsse, und daſs sie diese nicht roh verzehren, was auch der Bau des Magens und der Gedärme zu verbieten scheint.

Bei den Vögeln kann die Nahrungsweise gleichfalls verändert werden. Ich habe selbst mehrere Hühner eine lange Zeit hindurch mit Fleisch gefuttert, sie liebten dasselbe sehr, und gaben beim Fressen dem Fleische den Vorzug vor den Körnern. — Auch mit jungen Tauben stellte ich Versuche an, und lieſs sie mit zerkauetem Fleische in meiner Gegenwart

92) *Reaumur* mem. de 1752. p. 491.

aus dem Munde ätzen; sie lebten aber nur einige Tage, bis auf eine, welche sich acht Tage erhielt. — Alle starben an einem Durchfall [93]).

Auch können sich die Fleischfressenden Vögel an Pflanzenkost gewöhnen, aber unter einer gleichen Einschränkung, wie oben bei den Säugethieren angegeben ist.

Zu welcher der drei erwähnten Klassen gehört der Mensch? Was lehrt die Zergliederung der Verdauungswerkzeuge? Was die Erfahrung?

Den Menschen rechnen Einige zur Klasse der Allesfressenden, Andere mehr zu der der Pflanzenfressenden Thiere. Daher behaupten Erstere, die Verdauungswerkzeuge des Menschen wären von der Art, daſs sie in Rücksicht ihres Baues zwischen den Pflanzenfressenden und den Fleischfressenden Thieren in der Mitte ständen; Letzte-

93) Die occasionelle Ursache ihres Todes ist indessen nicht leicht auszumitteln. Vielleicht wurden sie getödtet, weil das Fleisch mit einem für sie fremdartigen Speichel vermischt war, den die Verdauungswerkzeuge nicht ertrugen.

re, daſs der Mensch, weil der Bau seiner Verdauungswerkzeuge, ihrer Meinung nach, mehr Aehnlichkeit mit der der Pflanzenfressenden Thiere habe, zum Genuſs der Pflanzennahrung sich mehr hinneige [94]). Diese sehen zuerst auf den Bau der Zähne. Bei den Pflanzenfressenden Thieren sey die Krone der Backenzähne breit und platt, bei den Fleischfressenden spitz. Da nun die Backenzähne des Menschen mehr Aehnlichkeit mit denen der erstern haben, so schlieſsen sie aus dieser Beschaffenheit, daſs der Mensch mehr für eine vegetabilische Nahrung bestimmt sey. — Allein der Mensch bedarf wohl der spitzen Zähne nicht, auch wenn er das Fleisch roh genieſsen will; den Fleischfressenden Thieren hat die Natur wohl deswegen spitzere Zähne verliehen, um die Knochen zu zermalmen. — Besitzen denn die Fleischfressenden Vögel spitze Backenzähne?

Haller [95]) sagt: „die Zähne des Menschen kommen mit denen des Pferdes

94) Dieses behaupteten vorzüglich *Wallis* philosoph. transact. N. 269. *Rousseau* Traite de l'egalité not 4. — *Cocchi* de victu pythagorico.

95) Elem. phys. T. VI. p. 190.

überein, indem der Mensch nur wenige Hundszähne, aber mehr Backenzähne besitze, und die dreispitzigen gar nicht, welche sich bei den Fleischfressenden Säugethieren befänden. Der Mensch sey daher nicht dazu geboren, die Knochen zu zermalmen, er sey kein reifsendes Thier [96])". — Dieser Zähne bedürfte der Mensch auch nicht aus dem oben angeführten Grunde. — Es scheint also aus der Gestalt der Zähne zu erhellen: dafs er für den Genufs beiderlei Arten von Nahrungsmitteln bestimmt sey.

Ferner führen diese Männer für ihre Meinung den Bau des Magens an. *Haller* sagt: „auch der Magen des Grasfressenden Pferdes sey dem menschlichen ähnlich, so wie auch der des Schweines, das seiner Natur nach von Wurzeln und Früchten lebe [97])." — Indessen scheint es doch durch aufmerksamere Zerglie-

---

96) Der berühmte Doct. *Gall* behauptet in Rücksicht des letzteren das Gegentheil. Man sehe die treffliche Darstellung seiner Gehirn- und Schädellehre vom Dr. C. H. E. Bischoff etc. Berlin 1805. 8. p 83.

97) Elem. phys. l. c. — Auch an andern Stellen erwähnt *Haller* die Aehnlichkeit zwischen dem Magen eines Pferdes und des Menschen; z. B. in Götting. gelehrten Anzeigen 1772. p. 902.

derung des Magens vom Pferde zu erhellen, daſs eine solche Vergleichung durchaus nicht statt haben könne. Man lese nur meine oben angegebene anatomische Beschreibung, und vergleiche beiderlei Magen; die wichtigsten Unterschiede werden sogleich hervorgehen. — Beinahe eben so wenig findet eine Vergleichung des Magens vom Menschen mit dem des Schweines statt. An der innern Oberfläche von beiden bemerkt man vorzüglich eine merkliche Verschiedenheit. Weit eher kann man sich eine Vergleichung zwischen dem Magen des Menschen und des Hundes erlauben. In beiden erscheint ein beinahe gleich innerer Bau, der mehr auf eine Fleischnahrung hinweiset [98]).

Weder die Zähne, noch der Magen können als Beweise angesehen werden, daſs der Mensch sich mehr zur Pflanzenkost hinneigen müsse. — Sieht man aber auf die Gedärme, so erscheinen gröſsere Aehnlichkeiten

---

98) Doch ist es merkwürdig, daſs einige Menschen einer Art des Wiederkauens unterworfen sind, was man bei den Fleischfressenden Säugethieren (meines Wissens) noch nicht bemerkt hat.

zwischen dem Menschen und den Pflanzenfressenden Thieren. Denn man bemerkt bei jenem einen wahren Unterschied zwischen dem dünnen und dicken Darm; doch sind beide kürzer, als bei den Pflanzenfressenden, aber länger, als bei den Fleischfressenden Thieren. — *Haller*[99]) sagt: „die Fleischfressenden Thiere haben einen kurzen und gekrümmten Blinddarm, die Pflanzenfressenden hingegen einen längern und gröſsern.“— Allein ich habe schon oben bewiesen, daſs die Länge des Blinddarmes in den Fleischfressenden sowohl, als Pflanzenfressenden Thieren veränderlich sey, ja, daſs er in beiden Klassen fehlen könne; eine wahre Vergleichung findet also nicht statt. — Die Zellen des Grimmdarmes beim Menschen scheinen dagegen auf die Pflanzennahrung hinzudeuten; sie fehlen freilich dem Rindvieh und mehreren andern Pflanzenfressenden Thieren, sind aber (meines Wissens) nie bei den Fleischfressenden Thieren vorhanden.

(99 L. c. p. 190.

Aus dem Angegebenen erhellet, dafs durch die anatomische Vergleichung nicht bestimmt ausgemittelt werden könne, zu welcher Klasse man den Menschen rechnen müsse. Nur allein die Erfahrung stellt ihn als ein Omnivor dar. Denn er erhält sein Leben unter einem jeden Himmelsstrich, und geniefst ohne Unterschied alles Efsbare, was die Erde ihm darbietet. In den wärmern Gegenden bedient er sich mehr der Früchte, unter einem kalten Himmel, der das Wachsthum der Vegetabilien verhindert, lebt er im Gegentheil vom Fleische. Bald geniefst er blofs Fleisch [100]), bald blofs Pflanzennahrung [101]), bald

100) Viele Völker leben allein vom Fleische, z. E. die Thibetaner. *Pallas* Reisen Tom. 1. p. 319. *Stewart* account of the Kingdom of Thibet. — Die Kamtschadalen, *Georgi* Beschreibung der Nationen des Russischen Reichs p. 368. *Pallas* über die Mongolischen Völkerschaften T. 1. p. 170. 181. — Die Grönländer, *Cranz* Historie von Grönland p. 81. 179. und noch mehrere Völker, welche der berühmte *Meiners* im Grundrifs der Geschichte der Menschheit (Lemgo 1793. 8.) aufgeführt hat.

101) Z. E. Braminen in Ostindien, *Bernier* voyages T. II. p. 25. Die meisten Einwohner auf Otahaite,

beides mit einander vermischt, aber in jedem Falle befindet er sich wohl, und ist gesund [102].

VIII.

Allgemeines Resultat der Vergleichung der Verdauungswerkzeuge bei den Säugethieren und Vögeln, durch Zergliederung und Erfahrung bestätiget.

Werfen wir endlich einen Haupt-Ueberblick auf alles das bisher Gesagte, so bietet sich uns Folgendes dar. Man findet an vielen Stellen der Verdauungswerkzeuge vorzüglich bei den zwei ersten Klassen, sowohl der Säugethiere, als Vögel wahre

---

Forster observationes during a voyage round the World p. 315. *S. Meiners* l. c. p. 142.

102) Zufolge der interessanten Beobachtung des Herrn Doctor *Gall*, daſs nemlich das Gehirn der Fleisch-

Unterschiede. Auch ist es nicht zu leugnen, dafs den Thieren ein Trieb eingepflanzt sey, diejenigen Nahrungsmittel aufzusuchen, die ihren Verdauungswerkzeugen am zuträglichsten sind; allein durch Gewalt oder Noth gezwungen, können sie eine entgegengesetzte Lebensart führen, und es scheint, dafs die gleichen Nahrungsmittel gewissermafsen gleichen Nutzen stiften, wenn auch die Verdauungswerkzeuge verschieden gebaut sind. Indessen möchte doch dieser Satz allerdings einiger Einschränkung bedürfen. Wird ein Pflanzenfressendes Thier z. B. zur Fleischnahrung gewöhnt, so befindet es sich nicht allein wohl, und behält seine Stärke und Munterkeit, sondern nimmt auch, wie es die Erfahrung lehrt, an Fettigkeit zu. Kehrt man aber dies Verfahren um, und zwingt ein Fleischfressendes Thier zur Pflanzennahrung, so wird man finden, dafs diese Lebensart seinem Kör-

fressenden Thiere, mit Rücksicht auf den Gehörgang, anders gestellt sey, als bei den Thieren, welche sich von Vegetabilien ernähren, schliefst dieser scharfsinnige Naturforscher: der Mensch wäre ein Carnivor. (M. s. die Darstellung seiner Gehirn- und Schädellehre l. c.). — Sollte aber diese Behauptung, vermöge des oben Angeführten, nicht einiger Einschränkung bedürfen?

perbau weniger entspreche. Ein solches Thier erhält freilich sein Leben, aber die körperliche Stärke und Munterkeit scheinen doch nicht den Grad der Intensität zu besitzen, welchen wir bei der Fleischnahrung an ihm gewahr werden. Hierzu kommt, daſs der Magen und die Gedärme alle Vegetabilien nicht gleich gut ertragen können. Der Hund z. B. kann sich nur bloſs von gekochtem Gemüse, und von Obst erhalten; ungekochtes Gemüse und trockene Hülsenfrüchte vermag die Digestionskraft seines Magens nicht zu überwältigen. Ein Gleiches findet bei den Fleischfressenden Vögeln statt.

Hieraus scheint zu erhellen, daſs der Magen und Darmkanal eines jeden Thieres (es gehöre in Ansehung der Nahrungsmittel zu welcher Klasse es wolle) das Fleisch mit Leichtigkeit verdaue, umgekehrt aber die Pflanzennahrung, und namentlich die trocknen Hülsenfrüchte auf den eignen Bau des Magens und der Gedärme eingeschränkt, und für dessen individuelle Kräfte berechnet sind.

Erklärung der Kupfertafeln.

* * *

Tab. I.

Die natürliche Lage des Blinddarmes und einiger Lagen des Grimmdarmes im geöffneten Bauche des Pferdes.

A. Der Blinddarm.

B. Die erste Lage des Grimmdarmes.

C. Etwas von der vierten Lage desselben.

D. Die zweite Lage des Grimmdarmes.

Tab. II.

Fig. 1.

Es ist der dicke und der gröſste Theil des dünnen Darmes beim Pferde weggenommen, und man erblickt den Magen und den Zwölffingerdarm im aufgeblasenen Zustande; ferner die Leber, Milz und Bauchspeicheldrüse in ihrer Lage.

A. Der Magen.

B. Der Pförtner.

C. Der vordere Querast des Zwölffingerdarmes.

D. Die Sackförmige Erweiterung desselben.

E. Der longitudinelle Ast des Zwölffingerdarmes.

F. der hintere Querast desselben.

G. Der Querast der Bauchspeicheldrüse.

H. Der longitudinelle Ast derselben.

I. Die Leber in natürlicher Lage.

K. Der vom Magen und Zwölffingerdarm eingeschlossene Raum, worin die Bauchspeicheldrüse sich befindet.

K*. Die Milz in der Lage.

Fig. 2.

Zeigt die innere Oberfläche des Magens beim Pferde.

A. Die verdickte Epidermis, die von der Speiseröhre herab kommt.

B. Die verfeinerte Epidermis.

C. Der zackigte Rand der verdickten Epidermis.

D. Eine Menge Larven die sich hier vorzüglich angehäuft haben.

E. Die Schlangenförmigen Falten in der Sackförmigen Erweiterung des Zwölffingerdarmes.

F. Die angehäuften Schleimdrüsen in derselben.

F*. Die innere Fläche der Speiseröhre, wo die länglichten Falten sichtbar sind.

Fig. 3.

Stellt die Leber eines Pferdes von hinten zu vor.

A. Der rechte Leberlappen.

B. Die Vertiefung desselben zur Aufnahme der rechten Niere.

C. der obere Winkel, wo die Hohlader in die Leber tritt.

D. Der kleine pyramidalische Lappen.

F. Der linke Leberlappen.

G. Der mittlere Leberlappen.

H. Das gemeinschaftliche Leberstück, wo alle drei Hauptlappen zusammenfliessen.

I. Die Pforte.

k. Die Pfortader.

Tab. III.

Fig. 1.

Stellt vorzüglich die Lage des Magens, des Zwölffingerdarmes, des Blinddarmes, des Grimmdarmes, des Mastdarmes, des sogenannten pancreas Asellii, die Leber aus einem Hunde vor.

A. Der Magen.

B. Der vordere Querast des Zwölffingerdarmes.

C. Der longitudinelle Ast des Zwölffingerdarmes.

D. Der hintere Querast desselben.

E. Das letzte Ende des Zwölffingerdarmes, das in einer Biegung liegt, die von dem Anfangstheile des Grimmdarmes gebildet wird.

F. Das letzte Ende des dünnen Darmes, wo er in den dicken übergeht.

G. Der Blinddarm in seiner gewöhnlichen Lage.

H. Der Anfang des Grimmdarmes.

I. Das letzte Ende desselben.

K. Der Mastdarm.

L. Das sogenannte pancreas Asellii.

M. Die Milz ausser ihrer natürlichen Lage.

N. Die Leber in der Lage.

O. Der vom Magen und Zwölffingerdarm eingeschlossene Raum, worin das letzte Ende des dünnen Darmes, der Blinddarm und das sogenannte pancreas *Asellii* sich befinden.

Fig. 2.

Stellt die gleichen Theile wie die vorige Figur dar. Diese Abbildung ist aber von einem gröſsern Hunde hergenommen, in welchem die Gestalt und Lage derselben Theile mir etwas verschieden erschienen.

A. Der Magen.

B. Der longitudinelle Ast des Zwölffingerdarmes.

C. Der hintere Querast desselben, der unbedeckt nach vorne geht, und sich in den übrigen dünnen Darm verliert.

D. Der Blinddarm von einer andern Gestalt und in einer andern Lage.

E. Der Lauf des Grimmdarmes, welcher von dem in der vorigen Figur gleichfalls abweicht.

F. Das letzte Ende des dünnen Darmes.

Fig. 3.

Die äuſsere Gestalt des Magens von einem Hunde im aufgeblasenen Zustande.

A. Der kugelförmige Theil des Magens.

B. Der verschmalerte darmähnliche Theil desselben, welcher in den Zwölffingerdarm übergeht.

Tab. IV.

Fig. 1.

Ansicht einiger Verdauungswerkzeuge vom Habicht, in natürlicher Lage.

---

a. Der Anfang der Speiseröhre.

b. Der Kropf, von vorne gesehen.

c. Der Vormagen. (Bulbus glandulosus.)

d. Der eigentliche Magen im leeren Zustande.

d*. Der tendinöse Punkt desselben.

e. Die Cloaca.

f. Die Lungen.

g. Luftröhre.

h. Der Anfang des Zwölffingerdarmes.

i. Die Gallenblase.

k. Die Milz

l. Die Schlagader der Milz.

m. Die hintere Oeffnung der Cloaca.

n. Ein Theil der Wirbelsäule am Halse.

Fig. 2.

Ansicht einiger Verdauungswerkzeuge vom Huhn, in natürlicher Lage.

---

a. Die Speiseröhre.

b. Der Kropf von der Seite angesehen, nebst seinen Schleimdrüsen.

c. Die Luftröhre.

d. Der Vormagen mit seinen Schleimdrüsen, die auf der äufsern Fläche desselben sichtbar sind.

e. Der eigentliche Magen.

f. Die erste oder untere Lage des Zwölffingerdarmes.

g. Die zweite Lage desselben.

h. Die Cloaca.

i. Die hintere Oeffnung derselben.

k. Die Gallenblase.

l. Die Milz.

m. Die Bauchspeicheldrüse.

n. Die Lungen.

Fig. 3.

Ansicht der Lage der Eingeweide im Habicht nach weggenommenen Brustknochen und Brustmuskeln.

---

a. Das Herz.

b. Die Leber.

c. Der eigentliche Magen in etwas angefülltem Zustande.

c*. Der tendinöse Punkt desselben.

d. Die erste oder untere Lage des Zwölffingerdarmes.

e. Die zweite oder obere Lage desselben.

f. Die Cloaca.

g Die erste Biegung des Zwölffingerdarmes.

h. Die zweite Biegung desselben.

i. Der obere Lappen der Bauchspeicheldrüse.

k. Der untere Lappen derselben.

l. Die Oeffnung der Cloaca.

Fig. 4.

Stellt ein Stück des Magens vom Pferde vor, wo die Gefäfshaut von der Zellhaut getrennt ist.

---

a. Die äufsere Fläche der abgetrennten Gefäfshaut.

b. Derjenige Theil der Gefäfshaut, welche mit der verdickten Epidermis versehen ist.

c. Der andere Theil der Gefäfshaut.

d. Die innere Fläche der Zellhaut

(An beiden Häuten erblickt man abgerissene Gefäſse, und an dem Theil der Gefäſshaut, welcher mit c. bezeichnet ist, auſserdem kleine Löcher, durch welche diese Gefäſse gehen.)

Fig. 5.

Stellt ein Stück der durchgeschnittenen Milz des Eselfüllens in natürlicher Gröſse vor, in deren Substanz ich eine Menge runder globulöser Bläschen bemerkte.

Fig. 6.

Ein Stück des geöffneten Zwölffingerdarmes beim Eselfüllen in natürlicher Gröſse.

---

a. Die zusammengehäuften Schleimdrüsen.
b. Die konnivirenden Klappen.
c. Die Zotten.

Tab. V.

(Alle Figuren dieser Tafel, die zweite ausgenommen, sind in umgekehrter Lage dargestellt, weil ich beim Zeichnen fand, daſs diese Ansicht am zweckmäſsigsten war, um das Ganze mit einem Blicke besser übersehen zu können.)

Fig. 1.

Die innere Fläche der Speiseröhre, des Kropfs, des Vormagens und des eigentlichen Magens beim Habicht, in natürlicher Gröfse.

---

a. Die Oeffnung der Schleimdrüsen im Kropfe und der Speiseröhre.

b. Die longitudinellen Falten in demselben Theil.

c. Die cylindrischen Schleimdrüsen im Vormagen.

d. Die Oeffnung derselben.

e. Die gleiche Oeffnung, wo man aber zugleich den schwärzlichen Punkt von einem gelblichen Ring umschlossen erblickt.

f. Die Falten des eigentlichen Magens.

g. Der Pförtner.

h. Die vier Falten am Pförtner.

i. Die Klappe am Pförtner.

k. Der Anfang des Zwölffingerdarmes.

Fig. 2.

Der aufgeblasene Kropf einer Taube, verkleinert dargestellt.

---

a. Die Speiseröhre.
b. Der Kropf.
c. Die angeschwollenen, von aufsen sichtbaren Drüsen desselben.
d. Die von Blut strozzenden Gefäfse des Kropfes.
e. Die Luftröhre.

Fig. 3.

Die innere Ansicht des Magens, Vormagens, kropfes und der Speiseröhre von einer Taube, welche Junge ätzte, gleichfalls verkleinert dargestellt.

---

a. Ein Theil der Speiseröhre.
b. Der Kropf geöffnet.
c. Die geschlängelten Falten der innern Häute des Kropfes.
d. Die angeschwollenen Schleimdrüsen, die sichtbar werden, nach Ausdehnung der Falten.
e. Die angehäuften kleineren Schleimdrüsen in dem letzten Theile der Speiseröhre.

f. Der Vormagen mit den Oeffnungen seiner Schleimdrüsen.

g. Die Gestalt der daselbst liegenden Schleimdrüsen.

h. Die aufgeschnittene Cardia.

i. Der eigentliche Magen.

k. Die Runzeln der Epidermis in demselben.

l. Der Pförtner.

m. Der Zwölffingerdarm.

Fig. 4.

Die cylindrischen Schleimdrüsen des Vormagens von einer Taube, in natürlicher Gröſse dargestellt.

Fig. 5.

Die innere Fläche des eigentlichen Magens und Vormagens beim Huhn, beide ungefähr um die Hälfte verkleinert.

---

a. Ein kleiner Theil der Speiseröhre mit den Oeffnungen ihrer Schleimdrüsen.

b. Der Vormagen mit den Oeffnungen seiner Schleimdrüsen.

c. Die beutelförmige Gestalt der Schleimdrüsen.

d. Die Cardia.

e. Der eigentliche Magen.

f. Die Runzeln der Epidermis in demselben.

g. Der Pförtner.

h. Der zackigte Rand der Epidermis.

i. Der Zwölffingerdarm.

Fig. 6.

Die aufgeblasene Cloaca mit dem dicken Darm und den beiden Blinddärmen, ungefähr in natürlicher Gröſse.

---

a. Das letzte Ende des dünnen Darmes.

b. Die beiden Blinddärmchen seitwärts gelegt.

c. der dicke Darm mit Koth, an einigen Stellen stark erweitert.

d. Der letzte Theil des dicken Darmes oder der Mastdarm.

e. Die aufgeblasene Cloaca von vorn angesehen, wo die Muskelhaut und die Blutgefäſse ins Auge fallen. —

f. Der Eierstock.

Fig. 7.

Der vergröſserte und offne Pförtner beim Habicht.

---

a. Die Oeffnung des Pförtners.

b. Die vier Falten.

c. Die zurückgelegte Klappe.

Tab. VI.

(Alle Figuren, die dritte ausgenommen, sind in natürlicher Gröfse dargestellt.)

Fig. 1.

Die Leber mit den Gefäfsen in der Pforte, die Gallenblase, der Zwölffingerdarm, die Milz und die Bauchspeicheldrüse beim Habicht.

---

a. Der rechte Lappen der Leber.

b. Der linke Lappen.

c. Die Spalte, wodurch die Lappen nach hinten getrennt werden.

d. Der vordere Einschnitt der Leber.

e. Die in die Leber eintretende Hohlader.

f. Der Wulst, durch dieselbe erzeugt.

g. Die Pforte.

h. Die Pfortader.

i. Die Leberschlagader.

k. Der Lebergang (ductus hepaticus).

l. Der Lebergallenblasengang (ductus hepatico-cysticus).

m. Die Gallenblase.

n. Der Gallenblasengang (ductus cysticus).

o. Der Zwölffingerdarm.

p. Der obere Lappen der Bauchspeicheldrüse.

q. Der Fortsatz desselben.

r. Der untere Lappen der Bauchspeicheldrüse.

s. Die Bogenförmige Vereinigung beider Lappen.

t. Die Milz.

u. Der vordere Bauchspeicheldrüsengang des untern Lappens.

w. Der hintere Bauchspeicheldrüsengang desselben Lappens.

x. Der Bauchspeicheldrüsengang des obern Lappens.

Fig. 2.

Die Leber vom Habicht mit den Gallengefäſsen der Gallenblaſe und dem geöffneten Zwölffingerdarm.

---

a. Die Leber.

b. Die Pforte.

c. Der Lebergang (ductus hepaticus) an der Stelle, wo er sich mit der Gallenblase durch Zellengewebe verbindet.

d. Der Anfang des Leberganges in der Pforte mit den Aesten 1. 2. 3.

e. Seine Erweiterung.

f. Der Lebergallenblasengang (ductus hepatico-cysticus).

g. Der Anfang des Lebergallenblasenganges an der Pforte mit den Aesten 1. 2. 3. 4.

h. Die konische Erweiterung des Lebergallenblasenganges.

i. Die Gallenblase.

k. Der Gallenblasengang (ductus cysticus).

l. Der Wulst vom Gallenblasengange, wo er zwischen den Häuten des Zwölffingerdarmes läuft.

m. Die Wulst vom Lebergallengange, auf dieselbe Art hervorgebracht.

n. Die Oeffnung für zwei Bauchspeicheldrüsengänge.

o. Die Darmzotten.

p. Die zwei Lappen der Bauchspeicheldrüse.

q. Die Milz.

r. Die Hohlader, wo sie aus der Lebersubstanz hervortritt.

s. Ein kleiner ovaler Raum, der zwischen den Aesten 1. und 4. des Lebergallenblasenganges gebildet wird.

t. Die Oeffnung des Gallenblasenganges.

u. Die Oeffnung des Lebergallenganges.

w. Die Oeffnung eines dritten Bauchspeicheldrüsenganges.

Fig. 3.

Ansicht der innern Fläche des Magens und des Zwölffingerdarmes, nebst der hintern Fläche der Leber, mit ihren an der Pforte liegenden Blut- und Gallengefäßen, beim Hunde.

A. Der Magen.

a. Die Falten in dem kugelförmigen Theil desselben.

b. Die geschlängelten Falten in dem verschmälerten darmähnlichen Theil des Magens.

c. Die Cardia.

d. Der Pförtner.

B. Die Speiseröhre.

C. Ein Stück vom Zwölffingerdarm.

e. Der Wulst des gemeinschaftlichen Gallenganges, welcher an der innern Fläche des Zwölffingerdarmes entsteht, indem der Kanal zwischen den Häuten des letztern eintritt.

f. Die Oeffnung des gemeinschaftlichen Gallenganges.

g. Die Oeffnung des Bauchspeicheldrüsenganges.

h. Die Darmzotten.

D. Ein Stück der Bauchspeicheldrüse.

E. Der linke und erste Lappen der Leber.

F. Der zweite Lappen.

G. Der dritte Lappen.

H. Der vierte Lappen.

I. Der fünfte Lappen.

K. Der sechste und rechte Lappen.

L. Der siebente oder Spiegelische Lappen.

i. Die Pforte.

k. Die Gallenblase.

l. Der Gallenblasengang (ductus cysticus).

m. Der rechte Lebergang.

n. Der linke Lebergang.

o. Der gemeinschaftliche Gallengang (ductus choledochus).

p. Die Pfortader.

q. Der rechte Ast derselben.

r. Der linke Ast, mit seinen beiden Zweigen 1. und 2, worin er sich spaltet.

s. Die Leberschlagader.

t. Der rechte Ast derselben.

u. Der linke Ast.

Fig. 4.

Ansicht des für die Aufnahme der Galle und des Bauchspeicheldrüsensaftes bestimmten Behältnisses, im Zwölffingerdarm eines Waschbären, und zwar im leeren und zusammengefallenen Zustande.

---

a. Der geöffnete Zwölffingerdarm.

b. Die Schleimdrüsen auf der innern Fläche desselben.

c. Das Behältnifs selbst.

d. Die Oeffnung desselben.

e. Ein Stück von dem gemeinschaftlichen Gallengange.

Fig. 5.

Das Behältniſs von der innern Fläche des Darmes im aufgeblasenen Zustande.

---

a. Das Behältniſs.

b. Die Oeffnung desselben.

c. Der Wulst, wo der gemeinschaftliche Gallengang zwischen den Häuten des Zwölffingerdarmes läuft.

d. Ein Stück von dem gemeinschaftlichen Gallengange.

Fig. 6.

Die äuſsere Fläche des Zwölffingerdarmes mit dem Behältnisse nebst der Gallenblase.

---

a. Ein Stück von der Bauchspeicheldrüse.

b. Der Bauchspeicheldrüsengang.

c. Das Behältniſs im leeren Zustande.

d. Der gemeinschaftliche Gallengang.

e. Ein Stück von dem Lebergange.

f. Der Gallenblasengang.

g. Die Gallenblase.

Fig. 7.

Ansicht des von aufsen geöffneten Behältnisses.

---

a. Ein Stück von der Bauchspeicheldrüse.

b. Der Bauchspeicheldrüsengang.

c. Die zurückgeschlagenen vier Lappen der äufsern Wand des Behältnisses.

d. Die innere Fläche des Behältnisses.

e. Die drei Falten, welche von der innern Haut hervorgebracht werden.

f. Die Oeffnung des Behältnisses im Zwölffingerdarm.

g. Die Oeffnung des gemeinschaftlichen Gallenganges.

h. Der Wulst des gemeinschaftlichen Gallenganges.

Fig. 8.

Die gleiche Ansicht, wie in Fig. 7., nur dafs der gemeinschaftliche Gallengang in dem Behältnisse geöffnet ist.

---

a. Der gemeinschaftliche Gallengang geöffnet.

b. Die Oeffnung des Bauchspeicheldrüsenganges.

Verbesserungen des Textes.

S. 2. Z. 4. st. den l. dem. S. 2. Z. 18. u. flgde. st. Sie (die Membran) l. Es (das Bauchfell). S. 4. Z. 23. st. Empfindlichkeit l. Erregbarkeit. S. 6. Z 17. st. Sein (Kanal) l. Ihr (Speiseröhre) u. s. f. S. 7. Z. 7. st. sie l. es. S. 10. Z. 11. st. ausgedehnten l. aufgeblasenen. S. 12. Z. 12. st. oder l. und. S. 16. Z. 25. st. ihres (Gefäſshaut) l. seines (Theiles) u. s. w. S. 16. Z. 24. st. verdeckten Epidermis umhüllt l. verdickten Epidermis bedeckt. S. 17. Z. 14. st. Haut l. fünften Haut. S. 20. Z. 6. st. Schalen der pinna l. dem Querbruche der Schalen der Stechmuschel (pinna) S. 20. Z 6. st. dicker l. verdickter. S. 29. Z. 11. st. 3' l. 3½. S. 29. Z. 17. st. die l. den. S. 31. Z. 17. st. welcher l. welchen. S. 33. Z. 13. st. Grimmdarmsklappe l. Klappe. S. 39. Z. 3. muſs daſs wegfallen. S. 55. Z. 15. bei und sie, muſs sie wegfallen. S. 86. Z. 16. st. ausgedehnten l. aufgeblasenen. S. 92. Z. 12. st. dritten l. dicker. S. 102. Z. 10. muſs nach Zwergfell statt eines, ein, stehen. S. 128. Z. 8. st. erwähnte l. erwähnter. S. 136. Z. 15. st. Hüftbein l. Hüftknochen. S. 145. Z. 3. st. rechen l. rechten. S. 160. Z. 3. muſs der wegfallen. S. 165. Z. 3. st. in den l. in den andern. S. 171. Z. 4. st. sind l. sind nemlich. S. 178. Z. 9. st. Magens l. eigentlichen Magens und so auch bei den folgenden Stellen. S. 182. Z. 6. abstumpfe l. abstumpft. S. 183. Z. 9. st. die erste und zweite l. der ersten und zweiten. S. 182. Z. 13. dickern l. verdickten. S. 198. Z. 6. st. am l. im. S. 201. Z. 2. fällt zugleich weg. S. 205. Z. 13. st. bei l. bei der. S. 206. Z. 10. st. XIII. l. VIII. S. 208. Z. 18. st. Zotten l. Darmzotten. S. 213. Z. 7. st. Verschiedenheit l. Verschiedenheiten. S. 214. Z. 3. st. am l. dem. S. 218. Z. 4. st. Kloaka l. Cloaca. S. 223. Z. 19. st. Art l. Gattung. S. 225. Z. 16. st. beim l. bei dem; und andern l. und bei andern. S. 231. Z. 9. st. aus einer Art l. von einer Gattung. S. 232. Z. 15. st. einem l. einen. S. 233. Z. 9. st. Zwöffingerdarm l. Zwölffingerdarm. S. 238. Z. 17. st. zwischen den l. der. S. 238. Z. 18. st. zwischen l. beiden. S. 241. Z. 18. st. es l. sie. S. 242. Z. 6. st. sie l. es. S. 242. Z. 7. fräſsen l. fräſse.

Verbesserungen der Anmerkungen.

S. 10. Not. 6. Z. 1. st. Eselsfüllen l. Eselfüllen. S. 42. N. 53. Z. 5. fehlt nach Eselfüllen ein,. S. 43. N. 54. Z. 4. C st. c. S. 62. N. 68. Z. 2. st. dunkelbau l. dunkelblau. S. 76. N. 14. st. in diesem Magen l. in dieser Abtheilung des Magens. S. 82. N. 1. Z. 5. st. Nase l. Spitze der Nase. S. 168. N. 4 Z. 1. nach die ich, fehlt zu Göttingen. S. 176. N. 13. Z. 2. st. 5. l. 8. S. 183. N. 21. Z. 1. st. der l. die. S. 204. N. 50. Z. 1. st. 2 F. l. 11 Z. Z. 4. st. 9 L. l. 9 Z. S. 206. N. 56. st. Lynx l. Luchs N. 58. 2¾ Z. l. 2¾ L. S. 240. N. 84. st. Jurney l. Journey. S. 242. N. 90. st. Zelten l. Celten. S. 250. N. 101. st. Observationes l. Observations.

(Die minder bedeutenden Druckfehl. wird der Leser selbst verbessern; auch bemerke ich, daſs aus Versehen in dem Bogen *B* statt der Buchstaben Zahlen gebraucht worden sind).

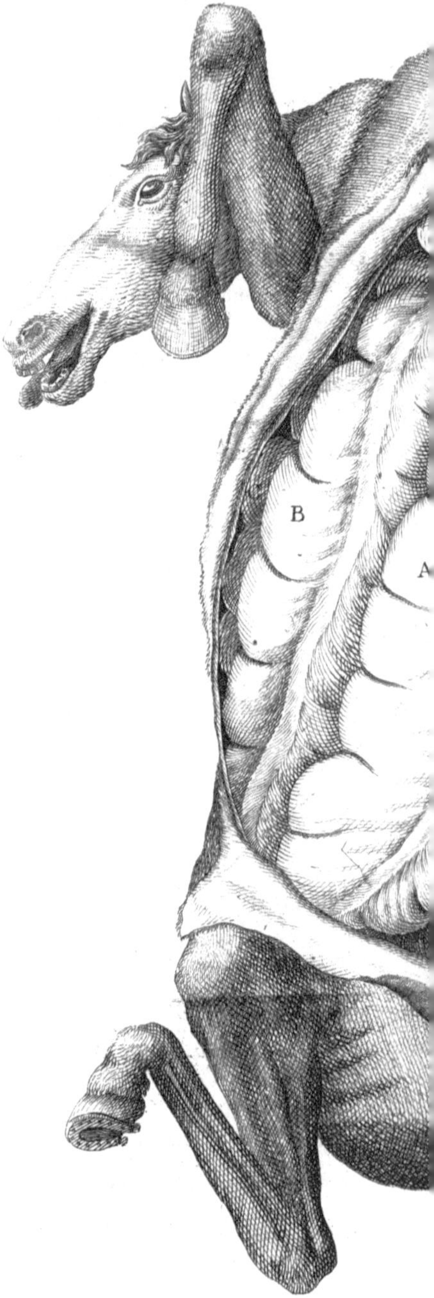

Bauermann Del. & Sculp.

F. I.

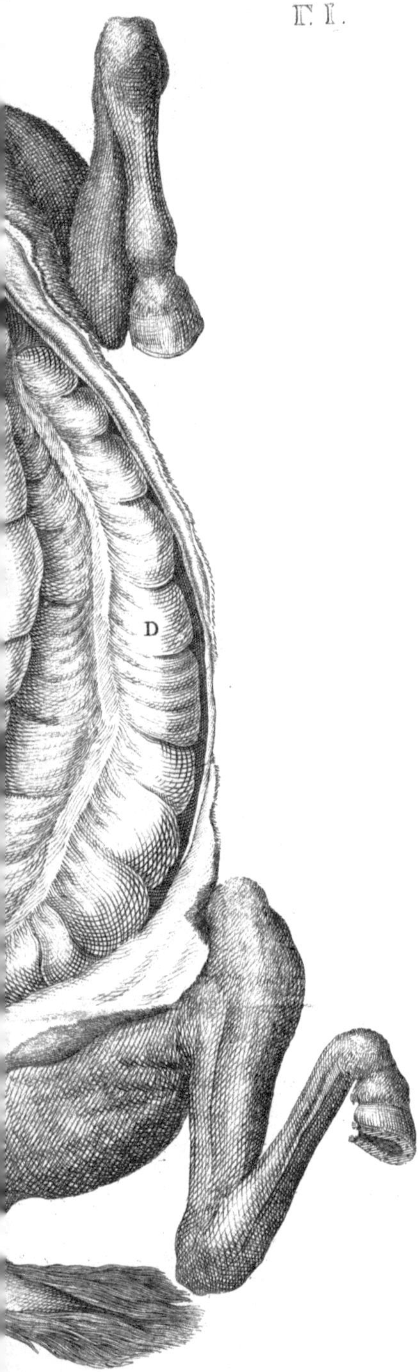

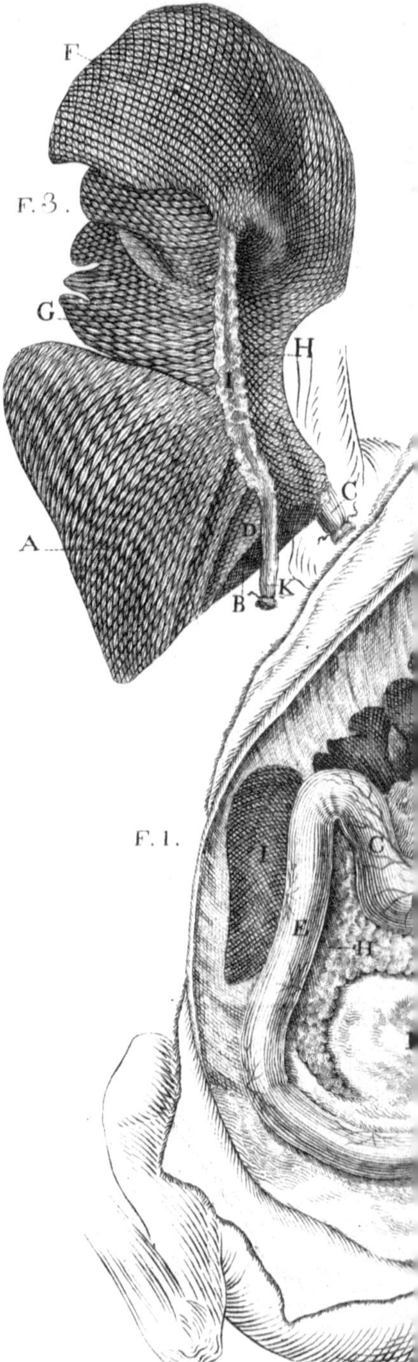
F
F.3.
G
H
I
C
D
A
B
K
F.1.
I
C
E
H

T. II

F. 2.

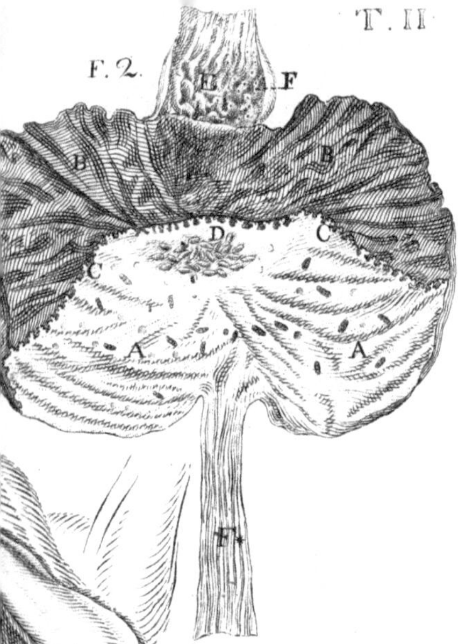

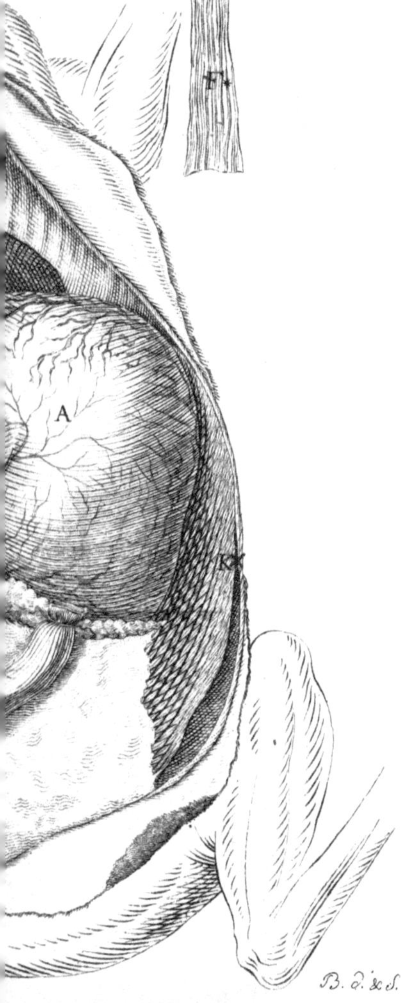

B. d. & s.

F 3

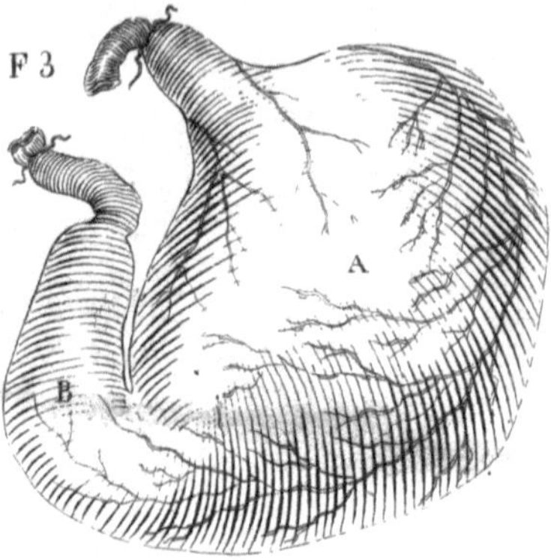

F 1.

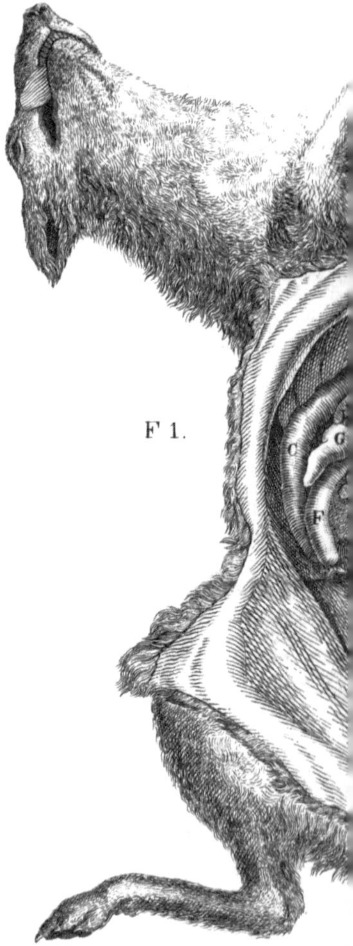

B Del. & Sculp.

T III.

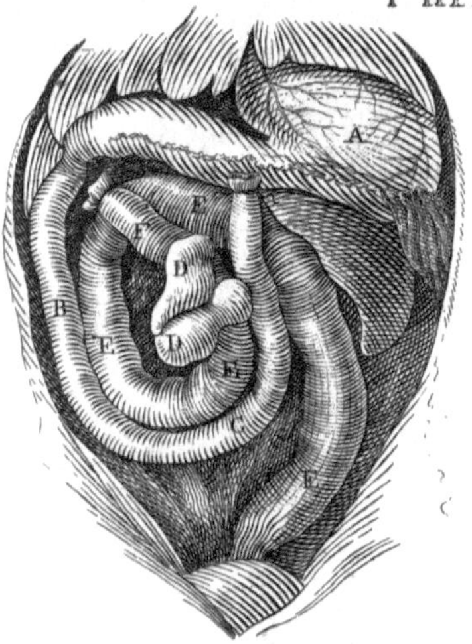

F. 1

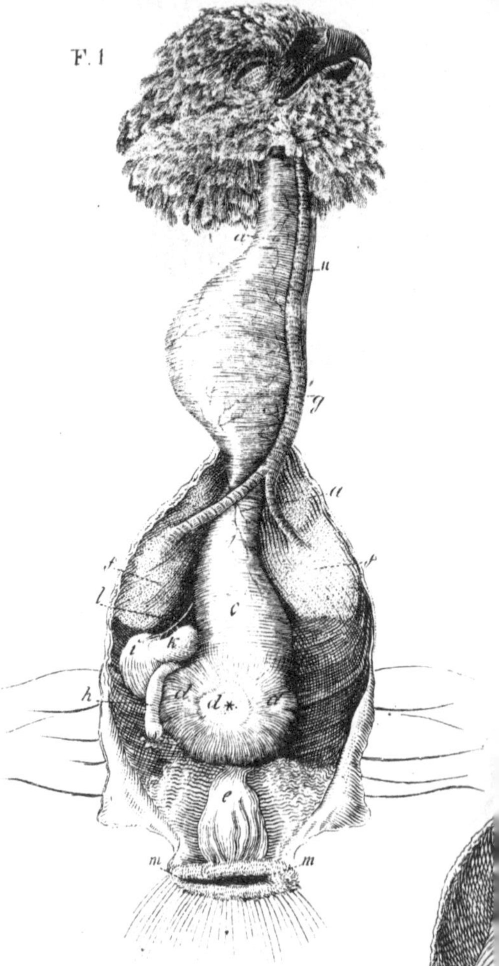

F. 4

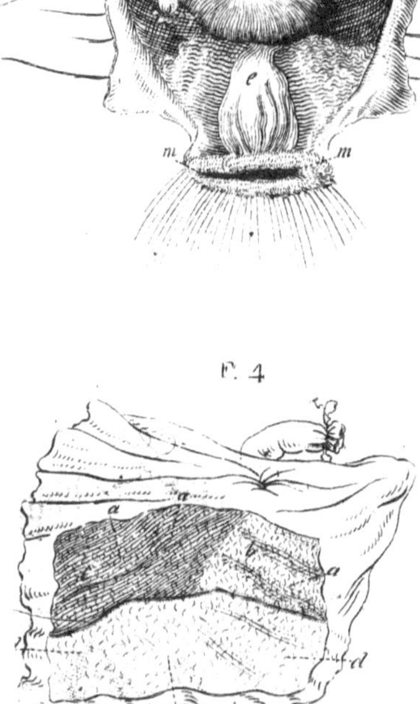

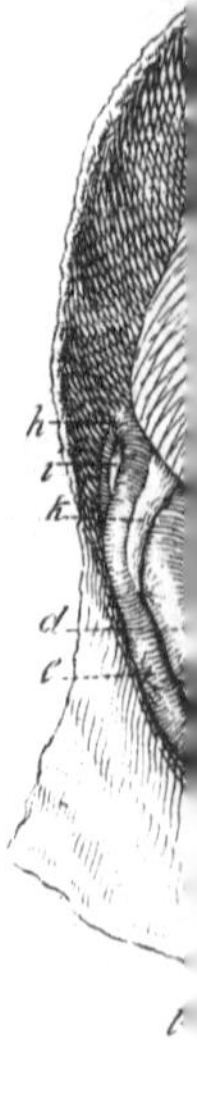

gezeich. von D. Neergaard und B.

T. IV.

F. 2.

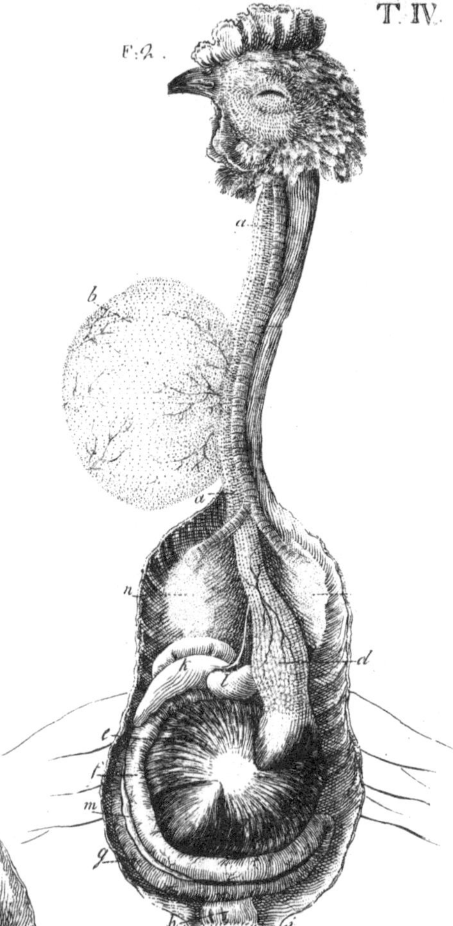

F. 5

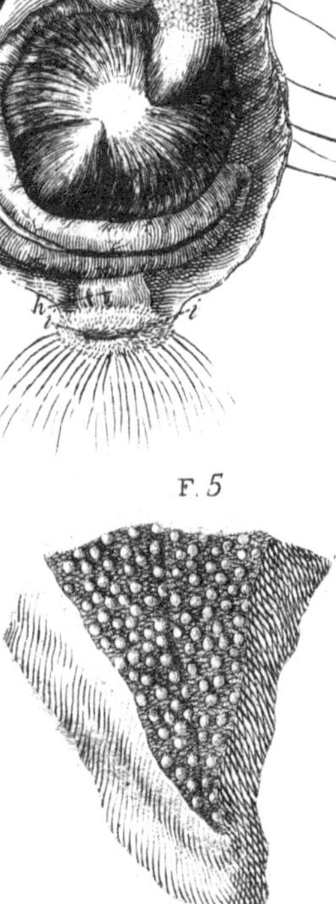

gestoch. von Besemann.

F. 1.

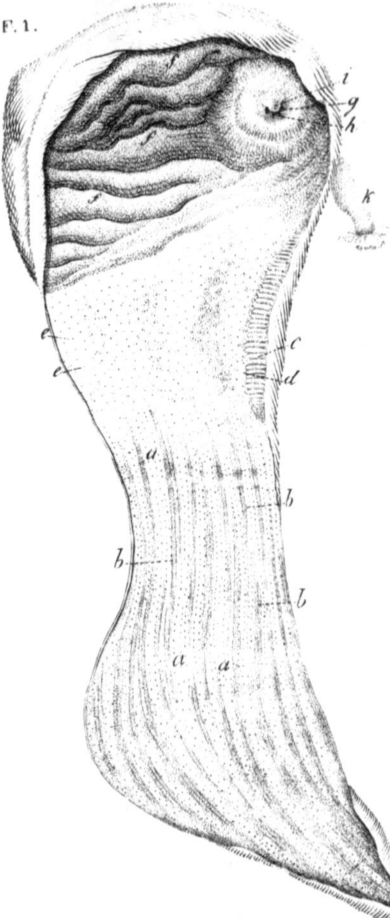

F. 2.

F. 5.

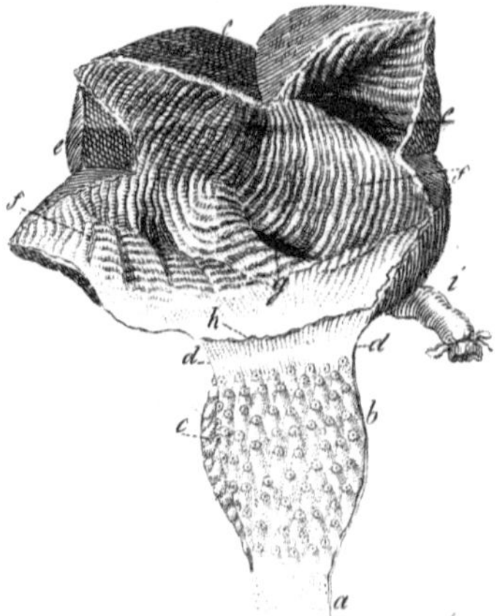

gezeich. von Dr. Neergaard und

T. V.

F. 3.

F. 4.

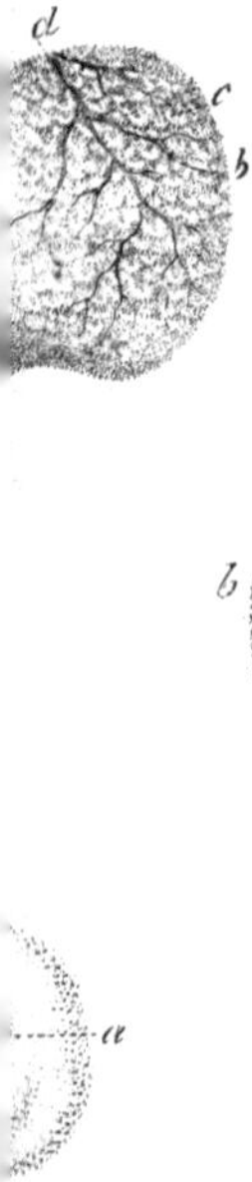

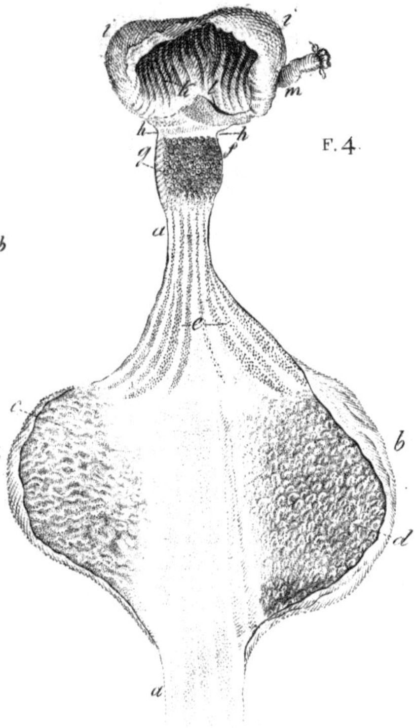

F. 6.

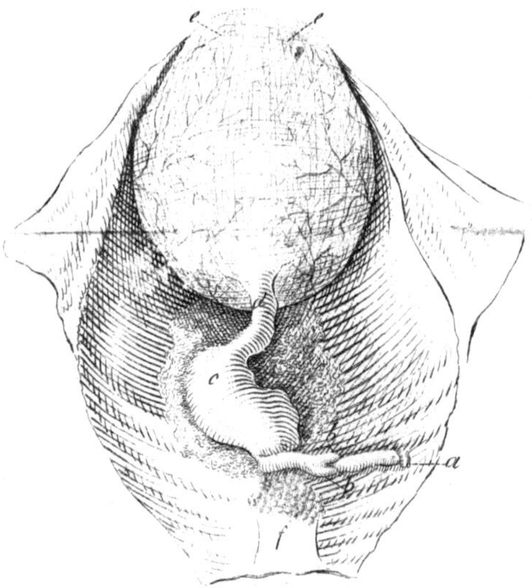

F. 1.

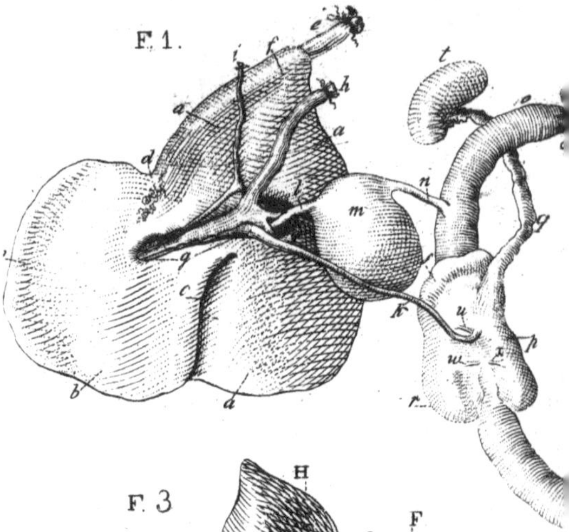

F. 3

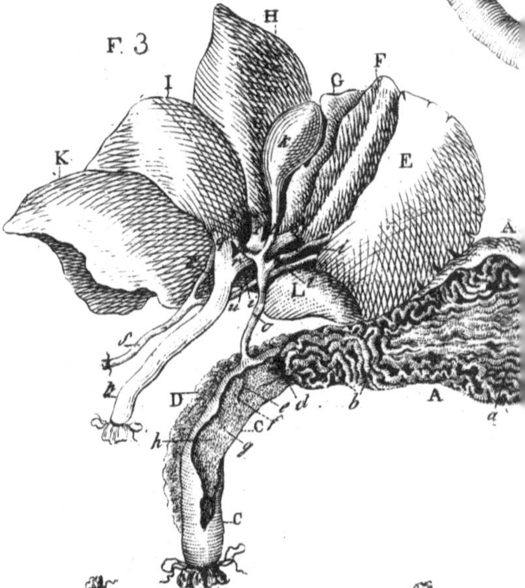

F. 8.

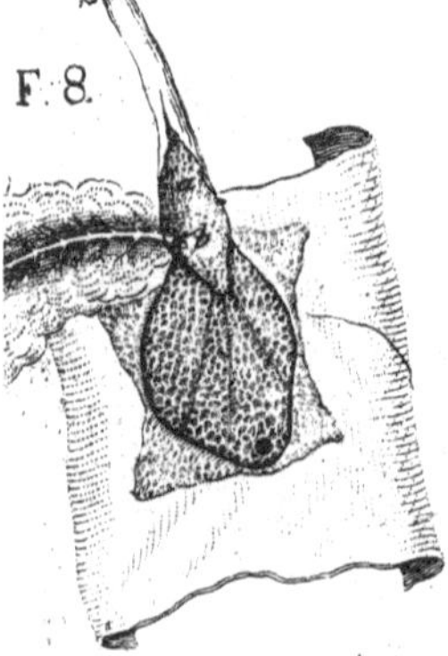

F. 7.

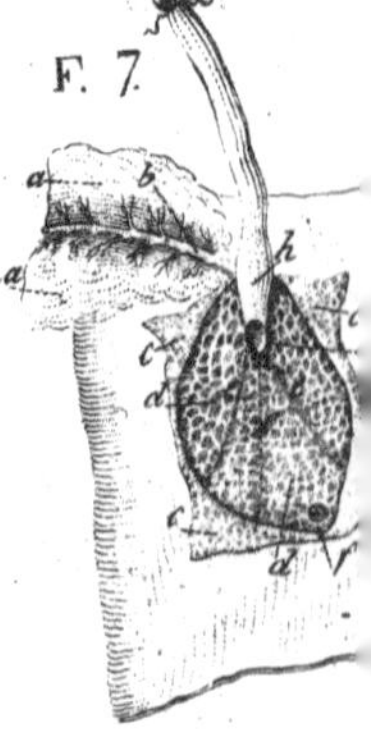

gezeich. von D. Neergaard. und Gr.

F. 2

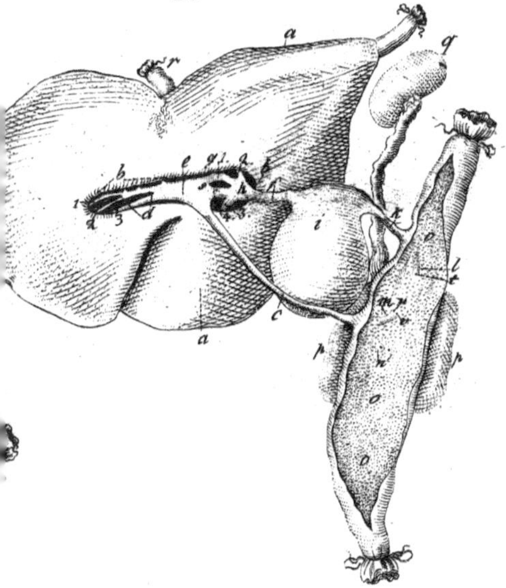

F. 4.

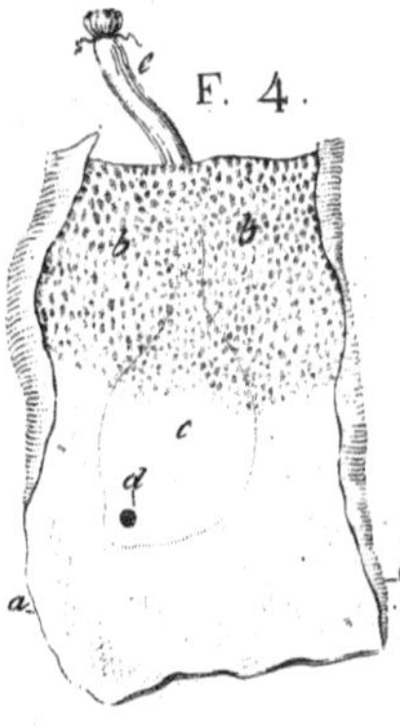

F. 6.

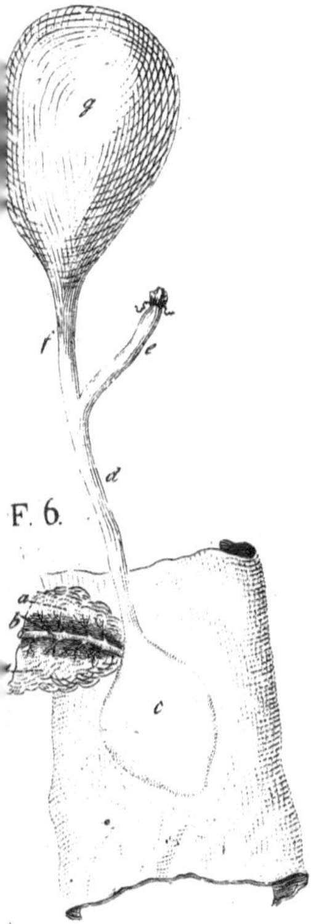

F. 5.

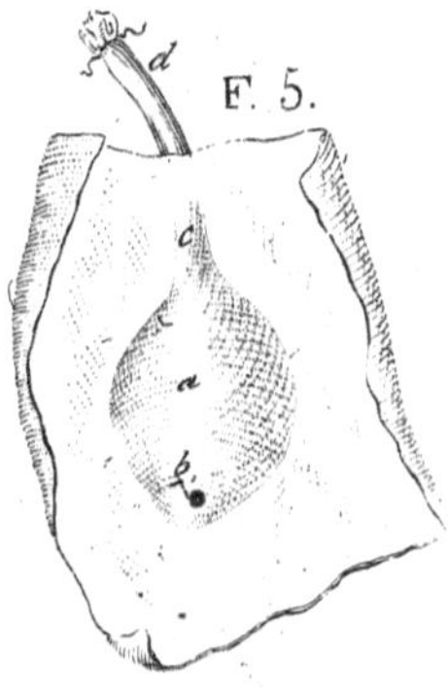

gestoch. von Besemann

FSC
www.fsc.org
MIX
Papier | Fördert
gute Waldnutzung
FSC® C083411

Zeitfracht Medien GmbH
Ferdinand-Jühlke-Straße 7
99095 Erfurt, Deutschland
produktsicherheit@kolibri360.de